日本土木技术译丛

隔震结构施工标准

[日] 一般社团法人　日本隔震结构协会　编

[日] 福荣 昇　译

中国建筑工业出版社

著作权合同登记图字：01-2021-3825号

图书在版编目（CIP）数据

隔震结构施工标准 / 日本一般社团法人，日本隔震
结构协会编；（日）福荣昇译． —北京：中国建筑工业
出版社，2020.12
（日本土木技术译丛）
ISBN 978-7-112-25430-9

Ⅰ.①隔… Ⅱ.①日…②日…③福… Ⅲ.①建筑结
构—抗震设计—标准 Ⅳ.①TU352.104-65

中国版本图书馆CIP数据核字（2020）第170985号

原 著：JSSI免震構造施工標準2017（初版出版：2017年8月）
著 者：一般社团法人日本免震構造協会
出版者：一般财团法人经济調査会

本书由日本国一般财团法人经济调查会授权我社独家翻译、出版、发行。

责任编辑：刘文昕　赵梦梅
责任校对：赵　菲

日本土木技术译丛
隔震结构施工标准
[日] 一般社团法人　日本隔震结构协会　编
[日] 福荣昇　译
＊
中国建筑工业出版社出版、发行（北京海淀三里河路9号）
各地新华书店、建筑书店经销
北京建筑工业印刷厂制版
北京中科印刷有限公司印刷
＊
开本：787毫米×1092毫米　1/16　印张：9¼　字数：238千字
2021年7月第一版　　2021年7月第一次印刷
定价：50.00元
ISBN 978-7-112-25430-9
　（36102）

前　言

在 2001 年，为了促进健全的隔震建筑物的普及和确保隔震建筑物的施工质量，作为协会主要业务的一环，隔震结构协会编辑出版发行了初版 JSSI《隔震结构施工标准》，以下简称 JSSI《施工标准》。随着隔震建筑的设计、施工技术的发展并结合地震灾害的教训，协会定期对 JSSI《施工标准》进行修订，本次为 2017 年第四次修订。在上一版本修订前，2011 年 3 月 11 日日本东北地区太平洋海域发生了强烈地震，造成了大量的人员死伤和建筑物倒塌的重大地震灾害。在此次地震灾害中，隔震建筑物的结构安全性受到了迄今为止最大验证的同时，也初次发现了在遭遇地震大变形时隔震缝／沟结合部和防火分隔缝等部位出现了预想外的问题。为此，JSSI《施工标准》2013 年修订版本对此部分内容即隔震缝以及隔震缝／沟的允许有效相对位移量等追加了一些修订内容和规定。去年，2016 年 4 月 14 日和 4 月 16 日，熊本地区发生了由活断层引发的城市直下型强烈地震，在此次地震中，一般抗震建筑物受到了很大的震害，而隔震建筑物普遍都没有受到结构性损害。由此可见，隔震建筑物在设计、施工技术两方面已经具备和确保了一定水平以上的隔震性能与质量，这是全体隔震建筑领域广大技术工作者的努力成果。

此次的修订工作，作为提高施工质量的第一步，把施工技术方案的编制放在重点位置上。在已经确立的隔震工程区分范围内，与钢结构工程和混凝土工程相同，要求编制施工技术方案并根据其方针和内容进行严格的质量管理。2013 年版本的 JSSI《施工标准》已经记载了质量管理项目中施工技术方案的构成内容和施工管理文件的顺序及格式。本次的修订版追加了第二章"施工技术方案的编制"内容。为了能够对施工方案的编制活用，又增加了施工技术方案详细确认表格。并且我们也得到了隔震构件各有关专业生产厂家的大力协助，对成品检验特别是关于性能检查的详细解释内容进行了编辑并归入附录内容中。

如果本书能对今后隔震建筑结构工程的施工质量的确保起到帮助作用，这将是我们最大的荣幸。

一般社团法人　日本隔震结构协会

技术委员会／施工分会

2017 年 7 月

译 者 序

地震是地球板壳运动的自然规律，是人类至今无法避免的自然灾害之一。地震引起的震动会对建造在地面上的建筑物带来毁灭性的破坏，给人民的生命和财产造成巨大损失。从震灾历史可知，地震灾害造成的经济损失和人员伤亡主要源于建筑物的损坏、倒塌及引发的次生灾害所致。

建筑物隔震技术的发展始于 20 世纪 60 年代后期，由新西兰、日本、美国等多发地震国家对隔震技术开展了系统的理论研究和试验，取得了初期成果。时至 20 世纪 90 年代，美、日、新、法、意、俄等 20 多个国家修建了数百座隔震建筑物从而进入隔震技术实际应用阶段。其中，日本的隔震技术发展最快，技术最成熟，实际应用也最为广泛。特别是在 1995年 1 月 17 日发生的日本阪神大地震（M7.3）和 2011 年 3 月 11 日发生的日本东部大地震（M9.0）以及 2016 年 4 月 14 日和 4 月 16 日熊本地区为震中的城市直下型强烈地震（M7.3）中，采用橡胶隔震支座的建筑物显示出其优越的隔震性能，除局部特殊位置之外，建筑物几乎无损伤受害，得到社会的一致好评。

建筑隔震技术正在得到日本政府的大力推广，被广泛应用于政府办公大楼，学校和医院等公共建筑中，并越来越多地应用于低层和中／高层住宅建筑物。在日本，建筑行业不仅在隔震设计理论上，也在隔震装置的制作工艺和土建施工上，形成了一整套严谨的理念和制定了严格的施工规定和规范·标准·管理制度，以确保隔震建筑物应有的隔震质量和效果。

本书是由日本隔震结构协会编著的出版书籍，是集日本的隔震施工技术之大成之作。本次新版本亦结合了日本 2011 年东部大地震以及 2016 年 4 月 14 日和 4 月 16 日熊本地区强烈地震（M7.3）中的隔震建筑物的大变形而引起的与周围连接处的隔震缝处主体碰撞以及火灾时的防火性能等新问题，推出新对策并于 2017 年 7 月修订后发行的最新版本（第 4 次修订版）。

由于中国与日本的建筑法规不同，所以本书的有些规定并不一定全部适用于中国国情。读者可以根据需要选择，特别是隔震构件的安装精度以及隔震层的整体施工细节流程作为参考。

在本书的翻译整理、出版过程中，得到了上海昂创工程科技有限公司的大力支持和帮助。陈郡伟总经理参加了技术校审工作。

本书的中文出版，必将给中国的隔震技术以及隔震装置的制作管理和施工技术带来实际的参考价值和借鉴作用，促进中国的隔震结构技术得到进一步的发展。

由于本人的知识水平有限，如对原著有理解不够和译文不妥之处，敬请读者给予指教为盼！

福荣昇

2019 年 12 月于日本

JSSI《隔震结构施工标准》（2017 年版）编辑委员名单

技术委员会施工分会

◇ **委员长**

原田　直哉　　　　ALUDAS 株式会社

◇ **干事**

中泽　俊幸　　　　东京建筑研究所株式会社

◇ **委员**

石田　俊久　　　　大成建设株式会社
海老原和夫　　　　株式会社大林组
小仓　　裕　　　　隔制震装置株式会社
河井　庆太　　　　三井住友建设株式会社
小塚　裕一　　　　株式会社竹中工务店
清水　玄宏　　　　NICHIAS 株式会社
铃木　清春　　　　OILES 工业株式会社
田泽　宪一　　　　前田建设工业株式会社
馆野　孝信　　　　户田建设株式会社
谷川　友秀　　　　昭和电线电缆系统株式会社
鹤谷　　严　　　　梦结构咨询工程公司
渊本　正树　　　　清水建设株式会社
堀汇　秀和　　　　TOZEN 株式会社

◇ **协助委员**

石井　秀雄　　　　TOZEN 株式会社
根本　训明　　　　TOZEN 株式会社

◇ **协助 WG**

隔震构件部会 / 阻尼器分委员会

目　　录

1. 总　　则

1.1　适用范围

> 本施工标准适用于隔震建筑物的隔震层施工，隔震构件的设置及其关联部位的施工。

本施工标准的对象是指符合下列项目的隔震建筑物。

（1）使用由建筑基本法施行令所规定的材料，容许应力度、材料强度以及隔震材料[1]（以下称为「隔震构件」）等的隔震建筑物。

（2）隔震构件设置在最下层楼板下部位置的基础隔震建筑物以及在中间层柱顶，中间层设置独立隔震层的隔震建筑物[2]。

（3）新建的隔震建筑物[3]

[1]指平成12年（2000年）建设部公告第1446号、2010号、平成27年（2015年）国土交通部公告第81号以及平成28年（2018）年国土交通部公告第794号中所指定的隔震材料。

隔震材料由公告明确。

① 支承构件（弹性系列、滑移系列、滚动系列）；

② 阻尼构件（弹塑性系列、液体黏滞系列）；

③ 复位构件。

原则上，制造方应根据以上构件种类取得指定建筑材料的认证。

[2]建筑基本法上，在建筑物基础部分设置的支承构件被视作为基础。

[3]对既存建筑物的抗震补强工程中，隔震构件的制作管理均可参考本标准的基本设置·施工规定。

1.2　依据规范·规定等

> 本标准中未记载的事项，可根据以下的规范·规定（最新版）执行。
> ○ 建筑基本法·施行令·国土交通部公告以及建设部公告
> ○ 建筑工程标准规格书·同解说—JASS5 钢筋混凝土工程
> 　　　　　　　　　　　　　　　　　（日本建筑学会）
> ○ 建筑工程标准规格书·同解说—JASS6 钢结构工程
> 　　　　　　　　　　　　　　　　　（日本建筑学会）
> ○ 隔震建筑物的建筑·设备标准（日本隔震结构协会编）
> ○ 隔震建筑物的维护管理基准（日本隔震结构协会编）
> ○ 隔震构件标准目录（日本隔震结构协会编）
> ○ 隔震缝接合部指针（日本隔震结构协会编）

1.3　术　　语

本标准中使用的主要术语作以下定义。

・隔震支座（支承构件）：支承竖向荷载，把上部结构和下部基础结构隔离绝缘以减小上部结构的摇晃冲击的构件。（→3.1）

・加速度：物体在某方向运动时，其速度与发生这一变化所用时间的比值称加速度。物体在其变化方向上作用力时就会产生加速度（牛顿第二定律）。地震时建筑物产生惯性力进而发生加速度。加速度的单位是 cm/s^2。专业上亦将 cm/s^2 称为 gal。

・管道柔性接头：在隔震层设置的上部结构与下部基础结构间可吸收大变形的管道，设备管线的连接方法和措施。设计方应根据重要度来适当选择各种管道柔性接头，设备管线柔性连接的规格和变形量可参考隔震结构专用的标准定型产品。（→3.4）

・容许荷载：叠层橡胶支座的场合，是指容许施加的荷载值。一般情况下荷载分为长期荷载和短期荷载。长期容许荷载取决于叠层橡胶的徐变和耐久性，短期容许荷载取决于支座的极限变形时的性能（荷重和失稳・破坏的关系等）基础上乘以安全系数。经国土交通部大臣／建设部大臣批准的认定产品，极限状态时荷载规定了其长期・短期容许荷载的极限值。

・砂浆：支座下部的基础连接板与下部基础主体之间用密实高强度的水泥材料（无收缩砂浆等）层将上部结构的重量以及地震时产生的附加轴力、水平剪力通过隔震支座确实有效地传递给下部结构的重要部分。（→5.4）

・徐变：一般情况下，橡胶发生的变形是永久的塑性变形。叠层橡胶的场合，在其压缩方向会产生变形。叠层橡胶因长期承受建筑物的重量及较大的压缩荷重，所以叠层橡胶的徐变特性的预测（推算）就尤为重要。通过徐变推算公式，以 1~2 年的短期徐变量来推测其长期的徐变量。通过以上的方法，预测 60 年后的徐变量为叠层橡胶的橡胶总厚度的数值百分比程度。

・刚度中心：建筑物在受到如地震水平作用时，柱或墙体的各抗侧力单元层剪力的合力中心称为刚度中心。当刚度中心与质量重心偏离时，建筑物将随着水平方向晃动的同时产生转动。此时，偏心距离按比例发生扭矩使建筑物扭转振动。如果从设计上保持隔震建筑物的上部结构的重心与刚度中心一致不发生偏心，则隔震层自身的扭转振动也会变得很小，此时尽管上部结构的偏心较大，上部结构的动力地震时程反应值也很小。

- **大流动性混凝土：** 具有不损坏商品混凝土的和易性而提高流动性的混凝土，其坍落度扩展值的目标为 60～65cm。一般使用大流动性混凝土，在下部基础和支座下部基础底板下实施一体浇筑的施工方法。浇筑混凝土的方法有采用混凝土重量的重力式方法和采用加压泵对混凝土进行加压的施工方法。（→5.4）

- **滚动支座系列：** 在直线相交的 2 段轨道上设置滚动轴承的称滑轨滚动支座。轴承和轨道都使用经过热处理后硬度很高的钢材，有支承大荷载的能力是在隔震建筑物侧向发生拉伸力时能将其拉力有效传递给下部基础的唯一隔震支座。（→3.1）

- **地基种类：** 地基具有其固有的卓越振动周期。根据表层的地基形成不同振动性质的地基土分类。现行建筑基本法将周期在 0.2s 以下分类为第 1 类地基；周期在 0.2s 以上～0.75s 以下分类为第 2 类地基；周期超过 0.75s 以上分类为第 3 类地基。

- **竣工检查：** 建筑物在竣工时实施对隔震部分的质量检查。为保证隔震建筑物在施工建成后的隔震功能，有义务在竣工后必须继续对隔震构件和其关联部位进行有效移动空间测量等定期检查和保养，而竣工检查（值）成为与今后的定期检查值相比较的重要记录数据，施工方有义务编制和提交竣工报告书。（→5.7）

- **水平约束固定构件：** 由隔震支座支承的隔震建筑物，其性质在水平方向较容易变形。在施工过程中，当隔震层的变形和晃动等可能会对上部结构的施工产生障碍时，有必要对隔震层和隔震支座设置水平方向的临时约束固定构件以防止其变形和晃动，是否需要设置水平约束固定构件和如何设置等，应与工程监理方进行协商后决定。（→4.2）

- **滑移支座系统：** 在固定的底座滑动面板上连接滑移材料，滑移材料与滑移底板间会产生摩擦力，并在一定的范围内可控制。滑移底板有平面形式和曲面形式。（→3.1）

- **滑移材料：** 滑移支座使用的摩擦材料应该使用具有明确离散性的材料。通常使用四氧乙烯树脂等。

- **滑板：** 与滑移摩擦材料接触的面板。面板的摩擦面通常采用不锈钢材和硬质镀铬面板或在钢板表面进行特殊润滑处理。与叠层橡胶支座一样，通常在支承下端连接滑移材料。然后再放置在底座的滑移底板上。

- **性能检测：** 为确认隔震构件应有的基本性能而实施的检测。隔震支座需进行全部检测是否具有隔震功能。主要检测项目均为在设计中被使用的隔震支座基本性能参数值。检测项目有水平刚度、竖向刚度、等效阻尼系数（具有阻尼功能的隔震支座）、摩擦系数（滑移、滚动系列隔震支座）。（→8.1）

· **叠层橡胶支座**：叠层橡胶支座由薄钢板与橡胶交互叠放粘结而成。垂直方向刚度极大，能够承受巨大荷载，而水平方向由于橡胶的剪切变形较柔软是有大变形能力的构件，利用其水平方向的特性，形成具有柔性特性的天然橡胶系列叠层橡胶支座，使用弹性、衰减功能、组合材料的高阻尼系列叠层橡胶支座，在普通橡胶叠层支座的中间开孔灌入铅和锡形成具有衰减功能的铅芯橡胶支座，在普通橡胶叠层橡胶支座的底部连接板处安装钢材阻尼器形成具有滞回阻尼器系统的叠层橡胶支座。（→3.1）

· **叠层橡胶的水平变形性能**：叠层橡胶在水平方向具有能变形的特殊性能。水平变形性能是指水平刚度、阻尼、极限变形性能、线性限界、硬度和失稳等，以及面压相关性、变形相关性、速度相关性、温度相关性，滞回相关性等。通常其变形量是用叠层橡胶的橡胶总厚度（H）除以水平变形量（δ）的值来表示。例如发生总橡胶厚度的2倍水平变形时，称为具有200%的应变特性。各种产品根据其具有的性能，可以保证的最大变形量也不一样。向专业生产厂家发包时，必须确认设计要求规格。

· **设计条件和检测条件**：将上部结构的设计轴力除以隔震支座的水平有效截面面积的值称为设计面压。每个隔震支座的面压都不一样。叠层橡胶支座的特性取决于面压，而滑移支座系统的特性则取决于其面压、速度等。成品验收时，对于全部的条件都要通过试验检测是比较困难的，通常按一定条件实施性能检测。检查条件应根据工程监理方的指示，反映在制作·检测要领书中。

· **速度**：物体在某个方向运动时，位移和发生此位移所用时间的比值称为速度。从地表的最大振幅和建筑物的损伤或者隔震构件时程变形量的关系而言，通常与最大加速度振幅相比，最大速度振幅对建筑物的损伤相关性更强。所以，在高层建筑和隔震建筑的设计中，地震动的强度指标经常采用速度来表现。

· **阻尼器（消能器）**：隔震支座虽然可以减小晃动的冲击，但支座存在着来回振动，能实现振动衰减功能的是阻尼器。利用金属的弹塑性变形性能的有钢制阻尼器、铅制阻尼器；利用液体抵抗性能的有油阻尼器和摩擦·黏滞性阻尼器。具有高阻尼性能的叠层支座和铅芯叠层橡胶支座自身具有阻尼器功能。（→3.2）

· **高宽比**：通常，将对象建筑物的高度除以建筑物的厚度（水平面的短边长度）称为高宽比。根据此定义对隔震建筑物而言，从隔震构件至最顶层主体结构的高度除以平面上设置在最外侧的隔震构件短边间距求得其高宽比。高宽比越大则隔震构件承受的变动轴力就越大，隔震构件就越容易产生拉力。

· **硬化**：硬化通常是指橡胶材料的应力－应变特性在200%～300%的大应变领域后随着应变的增加会发生急速的应力增大现象。此应力增大现象称为硬化。对于叠层橡胶支座而言，在某剪切应变领域后就会发生硬化直至剪切破坏为止。硬化的程度取决于橡胶材料的特性和第二形状系数。橡胶材料越硬，第二形状系数越大则越容易引起硬化。

・**橡胶保护面层**：为了保护叠层橡胶支座的内部橡胶和内部钢板不受酸素、臭氧、紫外线和水气的腐蚀影响，在叠层支座最外侧设置了橡胶保护面层。橡胶保护面层通常使用具有耐候性的合成橡胶，其厚度一般为 10mm 左右。

・**基础连接板**：是与支承上部和下部结构相连接，用螺栓固定的定位底板。（→3.3）

・**备用试验体**：为了确认在建筑物中使用的隔震支座的耐久性、性能维持以及维护管理的定期检测，除在建筑物中已被使用的隔震支座外，另外在隔震层中设置备用试验体。施工方应与监理方在充分的协调后决定隔震层内备用试验体的设置场所，搬运出入口和确保其搬运进出通道动线。最近，有些项目已不在隔震层内设隔震支座备用试验体，而设置在隔震支座专业生产厂家内。一般都通过其标准数据来实施管理。

・**位移记录仪**：在隔震层中设置地震时隔震建筑物的水平位移轨迹记录设备，有下摆式，针式水平位移轨迹、加速度记录仪等。针式水平位移轨迹记录仪的记录板有不锈钢板，丙烯酸板和感应纸等种类。加速度记录仪是将测量到的加速度通过二重积分求得其位移。

・**偏心**：当刚心和质量中心不一致时称为偏心。当发生偏心时，在原有的应力基础上会产生扭矩的 2 次应力作用。在隔震结构的设计中，隔震层的偏心（由支点轴力与隔震支座的水平刚度的不平衡而产生）较大时，发生地震时外周侧的隔震支座就会发生附加变形量。

・**面压**：叠层橡胶等隔震支座所承受的轴力（竖向荷载）除以受压面积后在竖向的平均应力度称为设计面压。叠层橡胶支座的面压，通常都按长期荷载的应力作为其基本面压。性能检查时的试验面压，通常都按长期面压来实施进行。

・**隔震缝・沟（隔震 Exp.J）**：在隔震建筑物中隔震层的相关部位所设置的构件。地震时为确保上部结构能够做自由水平运动，在基础隔震建筑物的隔震层部分与周围地面或与邻接建筑物之间应设置有足够宽度的完全贯通的水平隔震缝／沟，以确保建筑物在发生水平振动位移时与周围地面或与物体不发生碰撞，满足遵循设计要求的相对水平位移。中间层隔震的下挂式电梯和楼梯结构中，应在隔震层部分与竖向动线下部的非隔震部分连接处设置竖向隔震缝，以满足遵循设计要求的相对竖向位移，来发挥能吸收地震能量的作用。隔震缝／沟的设置距离应根据罕遇地震下隔震结构的最大位移量来确定，以满足设计位移并能吸收地震能量的要求性能。一般要考虑平面上全方位的位移，特殊情况下还要考虑上下垂直振动和扭转振动等全方位的立体的变形位移。（→3.5）

・隔震沟／缝的容许相对位移量：容许相对位移量是可以吸收地震时在隔震层产生的水平位移和垂直位移的容许相对位移量。当中间层隔震时，从隔震层上部结构的下挂式电梯和楼梯等垂直动线与隔震层下部的非隔震部分之间，必须要考虑有容许相对位移量。隔震容许相对位移量定义为以下3种。（→隔震建筑物的维持管理标准）

（1）**最小容许相对位移量（最小的容许位移量尺寸）**：对竣工后的隔震建筑物而言，必须确保最小的容许相对位移量。当不满足这个值时，发生罕遇地震时就可能与周围地面或邻接建筑物发生接触与碰撞，发挥不出设计上的隔震功能。当遭遇地震后的建筑物的隔震部分发生残留位移变形量时，将会导致容许相对位移量小于最小容许相对位移量的结果。此时，有必要实施将上部结构体强制复位的措施。

（2）**设计容许相对位移量（设计容许位移量尺寸）**：设计上必须具有的最低限度的隔震容许相对位移量，是设计方在采用时程分析法解析求得的隔震建筑物的反应值，即最大位移量的基础上，再叠加上安全余量和上部结构的温度收缩和干燥收缩，残留位移量等因素后的最终尺寸。竖向容许有效相对位移量是设计方在假定徐变量的基础上，再叠加上地震时的压缩沉降量等因素后的最终尺寸。

隔震缝／沟部分的设计容许相对位移量，是隔震层的设计容许相对位移量上再叠加上部建筑的受地震作用时所产生的建筑物本身的变形量而成。注意，与相邻栋建筑物相连接的Exp.J，有必要再叠加上相邻栋建筑物上部结构本身的水平位移量。

（3）**施工容许相对位移量（施工容许相对位移量尺寸）**：施工时设定的容许相对位移量尺寸。通常假定即使在施工中发生最大误差时，也要能够确保设计容许相对位移量的条件，在设计容许相对位移量上再叠加上施工误差量来决定施工容许相对位移量。建议滑移・滚动系统支座及阻尼器的设计容许位移量，宜定为施工容许位移量。竣工验收时，实测的容许相对位移量必须确保在设计容许相对位移量以上。在设计隔震Exp.J时，还要考虑在设计容许位移量中，应包含金属构件盖板的必要安装尺寸，来决定最合适的施工容许相对位移量。

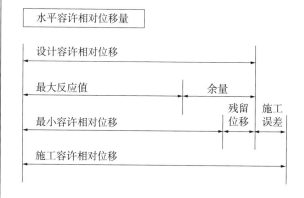

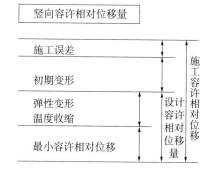

• **隔震周期**：不考虑阻尼器的刚度仅考虑叠层橡胶的刚度时，假定上部结构为刚体时建筑物的1次固有周期（T_f）称为隔震周期。隔震周期是通过叠层橡胶的水平等效刚度的合计K_f和建筑物地震时荷载W用以下公式求得。

$$T_f = 2\pi\sqrt{W/(K_f \times g)}$$

• **隔震建筑物标识**：法律（国土交通部公告）规定隔震建筑物必须（在建筑物的出入口和较容易看见的位置，明确标识建筑物为隔震建筑和其他必要事项。）设置标识板，主要目的是提醒第三方注意，当地震发生时建筑物会发生相对地面的移动。其记载内容可与工程监理方协调后决定。

• **隔震层**：在隔震建筑物中，设置有隔震构件的层称为隔震层。这部分除了隔震构件以外，还会设置设备管道、电气管线以及检修用的通道和照明设备。在建筑基准法上，隔震层不作为层仅作为地坑处理，不计算建筑面积。隔震构件上部的结构体称为上部结构；隔震构件下部的结构体称为下部结构。

• **隔震耐火防护层**：当隔震层作为停车场来有效利用或隔震层设置在建筑物的中间层时，必须设置隔震支座在火灾时不受损伤的耐火保护层。隔震耐火保护层在地震作用时不能妨碍水平变形，有防火石膏板和由预制混凝土板与石膏板·生物溶解纤维材料（主要成分为SiO_2）组合成防火毯的形式。并且，有必要对地震时产生的相对变形间隙和割缝进行耐火材料的填充。（→7.3）

• **隔震防火割缝**：为实现对柱顶隔震、中间层隔震建筑物的隔震层的防火分隔而设置防火割缝并用耐火材料密实填充。要求耐火材料可以追随地震时发生的上下墙体间的相对位移而不脱落。其耐火极限为1h，耐火材料应采用由专业生产厂家认可并有位移追随性能的材料。（→7.3）

• **隔震构件**：在隔震结构中，隔震构件是指隔震支座·阻尼器（消能器）·连接底板·柔性管道连接·隔震耐火保护层以及隔震缝·沟等与隔震机构有关构件的统称。

• **隔震部分建筑施工管理技术人员资格认证制度**：由日本隔震结构协会开设隔震部分的施工方案、施工质量管理的专业技术、知识的培训班，经考核后合格人员进行注册并发给《隔震部分建筑施工管理技术资格》证书。在隔震建筑物的工程管理中，配备具有上述资格的现场经理或者能接受隔震建筑物的施工专业技术指导，并希望这能成为一种制度。

• **隔震建筑物专业检查技术人员制度**：日本隔震结构协会开设隔震建筑物的专业检查技术和知识的讲习会，经考核后合格人员进行注册并发给《隔震建筑物专业检查技术人员资格》证书。隔震建筑物竣工后，希望由具有本资格技术人员实施检查。

- **第一形状系数**：其定义是叠层橡胶支座的每一层有效承压面积与其自由表面积（侧面面积）之比。当叠层橡胶支座是圆形截面时，第一形状系数 S_1 是用橡胶支座的直径 D 和每层橡胶层厚，代入以下计算公式求得。

$$S_1 = 承压面积 / 自由表面积（侧面面积）= \frac{\pi D^2/4}{\pi D t} = \frac{D}{4t}$$

第一形状系数对叠层橡胶支座的承压刚度和弯曲刚度发生很大的影响，第一形状系数越大，其承压刚度和弯曲刚度就越大。

- **第二形状系数**：叠层橡胶支座直径 D 与橡胶总高度 T 的宽高比值称第二形状系数，按以下公式计算求得：

$$S_2 = D/T$$

第二形状系数 S_2 与叠层橡胶支座所具有水平刚度的竖向荷载依存度和变形性能有很密切的关系。第二形状系数越大，其水平刚度的竖向荷载依存度就越小，大变形时能具有相对稳定的复位性能。

2. 施工技术方案的编制

本章主要阐述隔震分项工程施工技术方案在编制阶段时必须讨论和应注意事项的概要。隔震分项工程的详细内容将在下一章里阐述。

2.1 质量管理计划

> 施工方应对建筑物隔震分项工程部分的设计要求和质量，在充分理解的基础上明确制定质量管理项目和管理目标值，编制《隔震分项工程部分的施工技术方案》并得到工程监理方的认可。
>
> 隔震分项部分的工程施工应根据施工技术方案实施。

隔震建筑物与一般建筑物相比，会出现一般建筑物所没有的隔震构件的制作管理和设置等分项工程。隔震分项工程施工要领书不仅要在施工要领上，还要按表 2.1.1 所示的内容，将各种检测的实施、记录、报告书内容编入施工方案书中。要将认可过程反映在施工方案书内容中，同时有必要明确记载隔震分项工程特有的临时架构方案和施工方案上的注意点。

2.1.1 质量管理体制

> 隔震分项工程的施工涉及临时架构工程、钢筋工程、模板工程、混凝土工程等多工种。往往各担当工程的管理人员的配备很不齐全。
>
> 隔震分项工程的施工，首先要决定任命隔震分项工程的项目经理人选，以确保隔震分项工程的施工质量。隔震分项工程项目经理，应具有隔震结构的施工专业技术知识，并希望具有《日本隔震结构协会隔震部门建筑施工管理技术人员》资质。

有关隔震建筑物的施工管理，隔震分项工程专业负责人应对隔震结构有充分理解的基础上，编制隔震层、隔震构件等关联部分的施工方案，努力确保其施工质量。

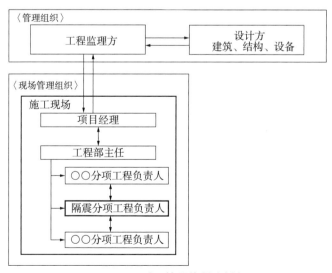

图 2.1.1 质量管理体制（例）

2.1.2 质量管理流程

标准的质量管理流程如图 2.1.2 所示：

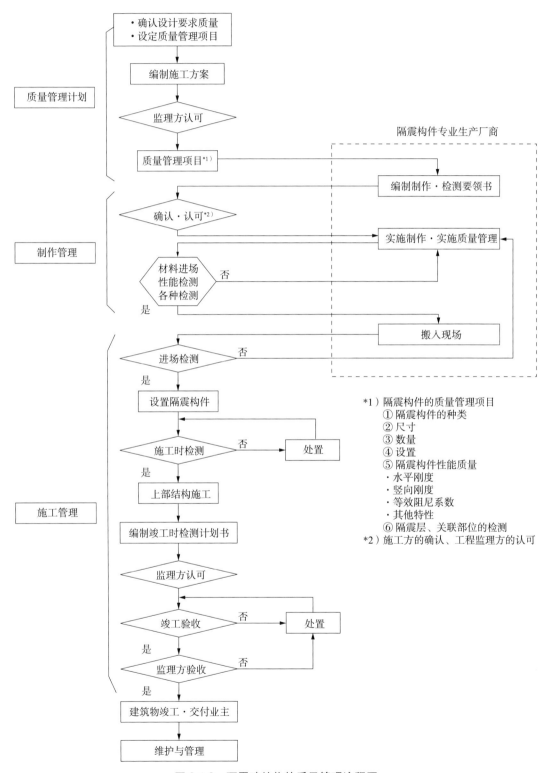

图 2.1.2 隔震建筑物的质量管理流程图

2.1.3 施工管理文件

隔震分项工程是建筑物的主要结构体的关联工程，施工方应根据施工方案所记载的方针，编制施工管理记录并提交工程监理方审核和认可。

施工管理记录可参照表 2.1.1 以及《2.3 施工方案的确认表（例）》执行。

表 2.1.1 施工管理文件目录（例）

管理文件名称	工程监理方	施工方	制造厂商
○ 隔震分项工程施工方案	认可	◎	—
○ 隔震构件制作·检测要领书 · 隔震支座 · 阻尼器 }根据构件种类 · 基础连接板	认可	确认	◎
○ 隔震构件制作·检测报告书 · 隔震支座 · 阻尼器 }根据构件种类 · 基础连接板	认可	确认	◎
○ 设备管道连接（隔震柔性连接） · 主要尺寸检测报告书 · 性能检测成绩单	认可	确认	◎
○ 隔震缝／沟 · 主要尺寸检测报告书 · 性能检测成绩单	认可	确认	◎
○ 隔震结构部分的施工期检测报告书	认可	◎	—
○ 隔震结构部分的竣工期检测方案书	认可	◎	—
○ 隔震结构部分的竣工期检测报告书	认可	◎	—

◎ 为文件编制方，并有提交资料义务。

2.1.4 隔震分项工程施工技术方案的构成（例）

隔震分项工程施工技术方案应该包括以下内容。

编制施工技术方案时，应根据《2.2.9 施工技术方案中的注意事项》并确认以下表示项目。

1. 总　　则：适用范围、设计图纸、规范规程等
2. 一般事项：工程概要、子项工程（隔震工程）
　　　　　　使用隔震构件（隔震支座·阻尼器·防震缝·防火保护层等）
3. 质量管理：质量管理体制（组织）、要求质量·特殊规格（根据设计图纸）
　　　　　　试验·检测要领概要
　　　　　　隔震构件（→参照 2.2.1）、隔震容许相对位移量（→参考 2.2.2）、
　　　　　　设备管道·管线（→参照 2.2.3）、隔震缝（→参照 2.2.4）、
　　　　　　防火保护层（→参照 2.2.6）
4. 制作管理：质量管理文件和负责人、文件检查、性能检测、检测项目、管理值等
　　　　　　隔震构件进场（搬运）方案
　　　　　　隔震构件（参照 2.2.1）、设备管道柔性接头（→参照 2.2.3）
　　　　　　隔震缝（参照 2.2.4）、防火保护层（→参照 2.2.6）
5. 进场检测：进场验收时的检测项目、问题的处理、隔震构件的保管和保养
6. 临时架构方案：外部脚手架、装卸平台方案、吊车方案、水平约束构件方案等
　　　　　　　　（→参照 2.2.5）
7. 施工管理：隔震分项工程的施工流程、基础连接板下部填充施工方法、填充材料
　　　　　　（砂浆、大流动性混凝土）、隔震构件的安装顺序、连接螺栓的力矩管
　　　　　　理、水平约束构件、隔震缝·沟、设备管道施工等（→参照 2.2.5、2.2.7）
8. 有关隔震分项工程部分、隔震构件的检测方案：
　　　　　　施工时的检测以及竣工时的检测实施日程、检测项目、判断值、出现问
　　　　　　题时的处置方法、负责人等（→参照 2.2.8）
9. 安全管理：特别是关于隔震构件的施工（进场、卸货、设置）的安全事项及发生
　　　　　　地震时确保施工人员的安全事项。
附件·施工质量管理表（确认表格）
　　　　　　管理日程（根据施工流程）、管理项目或确认文件（文件确认）管理值、
　　　　　　出现问题时的处置、负责人等
　　　·检测记录表（适当格式）。

- 关于基础连接板下部的密实度试验、需另外编制《密实度试验方案》。
- 隔震缝·沟的制作和施工方案可根据《隔震缝指针》（（一社）日本隔震结构协会编）
  执行。

2.2 施工技术方案中应记载的项目

> 隔震建筑物是使用隔震构件来支承上部结构的建筑物。施工方应在理解此特征的基础上来编制施工技术方案。在施工技术方案中、应对隔震构件的制作和安装方法，以及考虑地震影响下的临时架构方案和施工方法等有明确的记载。也可根据需要对设备和隔震缝／沟进行必要的阐述。

2.2.1 隔震构件的制作

施工方根据设计图纸所要求的性能来选定能满足要求的隔震构件和隔震构件专业生产制造厂商，并对专业生产制造厂商提供的《隔震构件制作检查要领》进行确认，在工程监理方认可的前提下对隔震构件实施制作管理。施工方案中应记载制作到检查各阶段必须实施的内容。

> 1 隔震构件的种类和数量

在质量管理体制中对各制造厂商发包的隔震构件种类和成品以及数量进行阐述。同样也包括安装用的基础连接板的内容。

> 2 质量管理项目（各种检测）的设定

在隔震结构设计的工程说明书中，应有阐明各种检测的项目、频度、判断标准。如有未明确记载的项目时，应与工程监理方在协商的基础上决定并反映在施工方案书中。质量管理项目有材料检测、外观检测、尺寸检测和性能检测等内容。

> 3 对编制隔震构件制作要领书作出指示

指示隔震构件专业生产制造厂商在编制制作要领书中应反映出设定的质量管理项目内容。

2.2.2 隔震容许相对位移值

施工方为确保在竣工时能达到设计图纸要求的隔震容许相对位移值，决定施工误差、混凝土的干燥收缩以及考虑隔震建筑物的温度收缩等因素的施工容许相对位移值。并将这个数值编写入施工技术方案书中。

> 1 水平方向的设计容许相对位移值的确认

水平方向的设计容许相对位移量，是设计上的最大水平位移反应值（即最大水平位移量）。其中包括安全余量。有时设计方会明确表示设计容许相对位移量已包含结构体的温度收缩和干燥收缩量。在决定施工方案书中要记载的水平施工容许相对位移量时，应向工程监理方确认包括设计容许相对位移量在内的项目详细内容。

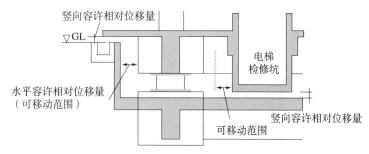

13

2 竖直方向的设计容许相对位移量的确认

竖直方向的设计容许相对位移量是考虑隔震建筑物在竖直方向的最大位移、安全位移余量、弹性位移、徐变位移等因素后决定的最终尺寸。其中包括叠层橡胶支座的温度伸缩量。决定施工技术方案书中的竖向施工容许相对位移量时，应向工程监理方确认包括设计容许相对位移量在内的项目详细内容。

3 施工容许相对位移量的设定

施工方为确保竣工时的设计容许相对位移量时，应在水平方向决定包含施工误差、温度伸缩量和干燥伸缩量后的施工容许相对位移量；在竖直方向决定包括有施工误差的施工容许相对位移量，并在施工技术方案书中明确记载。

4 隔震容许相对位移量的测试

施工技术方案中应明确记载，在隔震层的主体结构工程完工以及竣工时，应实测确认隔震缝/沟与外围地面或与邻接建筑物之间的隔震容许相对位移量。测试点位置应做明确标记。

5 设备管道等容许相对位移量

设备管道和电气管线应选择柔性接头，伸展长度要有余量。地震时，隔震层在水平和竖向发生的位移，往往是立体运动。为避免结构主体和设备管道相互间不发生接触和碰撞，必须在水平和竖直方向都确保有足够的容许相对位移量。

2.2.3 隔震层的设备管道·管线方案

施工方应在施工技术方案中明确记载有关设备管道的制作以及施工管理方法和关于管线的施工方案等内容。

1 选定隔震柔性接头

根据所定的设计可移动量，选定匹配用途的套管口径的柔性接头。当设计图纸中没有明确表示时，应与工程监理方·专业生产制造厂商等协商后决定柔性接头的规格，并明确在施工方案书中记载。

2 确保移动空间

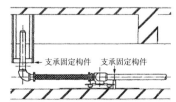

应明确柔性接头在变形移动时的位置和范围，确保移动时不发生有障碍的平面设计，并希望绘制综合图反映在施工方案书中。

3 固定支承部分的规格

为了确保柔性接头的变形追随性，必须决定固定支承部具有足够强度的设置方法。如有不明确的部分，应与工程监理方·专业制造厂商等协商后决定，并将固定支承部分的规格在施工技术方案书中明确记载。

4 电气管线配置方案

通常电气管线要考虑具有在移动状态下可以追随变形的伸展长度余量。如果有高压管线时，可与工程监理方和电力公司在协商的基础上决定规格内容，并反映在施工技术方案中。

支承固定构件　支承固定构件

2.2.4 隔震缝 / 沟

施工方在对隔震缝·沟的要求性能有充分理解的基础上，实施制作管理和施工。当设计图纸中，没有凹凸角部等特殊部位的要求性能和详图时，必须向工程监理方索要。

1 要求性能的确认

施工方应从图纸上充分理解设计可移动量、设计荷载、容许假定残留位移量及根据地震规模下的相应保全状态的性能要求，并在施工技术方案书中记载。

2 绘制生产加工图

根据确认后的要求性能和设计图纸内容，绘制生产加工图。在此阶段里应该反映出施工方和专业生产制造厂商在以往的地震中经历过的震灾经验，提出改善意见。

3 安装部分的规格

为了确保地震时的性能不受影响，有关与结构主体连接部分的强度·形状和规格在开始制造前应与工程监理方、专业生产制造厂商进行确认并在施工技术方案书中记载。

4 可移动试验等方法

如果采用没有试验报告的隔震缝产品时，应实施可移动试验等确认其变形的追随性。确认方法应与工程监理方协议后决定。并将可移动试验方法包括必要的准备期间的工程时间计划表在施工技术方案书中记载。

2.2.5 隔震结构的施工临时架构方案

一般情况下，隔震建筑物在施工过程中也是要求具有隔震功能的。所以对施工期间中可能发生的地震和台风等影响，在隔震层会发生水平位移的前提下提出脚手架分项工程施工方案。

1 外部脚手架工程方案

通常外部脚手架应在隔震层有变形前提下确保不发生倒塌破坏，应具有能追随其水平位移同时，又能支承上部主体结构的功能。外部脚手架方案在地震时的安全对策，应在施工方案中明确记载。

2 施工车辆的进出入方案

从建筑物沿外周的道路·地面进出入口与隔震层上部结构楼板的通道部分，必须确保其既不妨碍隔震结构的水平移动又能支承车辆的载重。必要时，应将其内容编写入施工技术方案中。

3 起重机方案

根据具体情况，塔吊可设置在隔震层的上部结构体或下部结构体上。应在考虑施工时的隔震建筑物所具有的固有周期和变形量的基础上，计划确定承台的设置位置。施工用电梯和升降机的基础是作为支承上部结构的构件，并且在水平方向具有不能受约束的功能，应编写入施工技术方案中。

> 4 水平约束

当对隔震层需要进行水平约束时，施工阶段的地震作用可能对上部主体结构产生不良影响，必须与工程监理方在协商的基础上确定其具体做法和内容。当在隔震装置上部基础底板上进行钢结构拼装时，为了防止拼装荷载对隔震装置产生不良变形影响（水平·倾斜、扭转）而设置水平约束构件。并将其内容编写入施工技术方案中。

2.2.6 耐火保护层

对必须有耐火保护层的隔震支座构件，应结合其竣工时的检测方法和时期将耐火保护层内容编写入施工技术方案中。

> 1 节点详图

应通过对施工图详细内容的确认，确保即使在地震时耐火保护层发生水平变形状态下，仍与结构主体和设备构件等不会发生干涉。如果规格与内容有必要变更时，应将其变更内容在工程监理方的认可后反映在施工技术方案中。

> 2 安装时期

随着隔震层上部结构的施工进展和荷载的增加，应考虑叠层橡胶支座可能会发生的压缩变形因素，尽量将耐火保护层的安装时期安排在临近竣工之前并将其编写入施工技术方案中。

> 3 进场方案

确认进入隔震层的材料搬入口和设备管道及配线位置，合理安排可以将耐火保护层材料顺利搬入的动线并将其编写入施工技术方案中。

> 4 施工

因为使用的材料已决定了其耐火材料认定中的指定施工方法，所以应对照施工图内容，在施工方案书中明确记载其施工技术方法。

2.2.7 隔震构件基础的施工

隔震构件应满足设计规格所要求的精度，确保切实可行的安装隔震基础施工方法并在施工技术方案中记载。

> 1 基础部分的详细配筋

在隔震装置的上下基础连接板上，带有安装用的长螺栓套筒·锚栓·锚钉等。其与桩顶的钢筋有可能发生碰撞干涉，所以应在施工图阶段对详细尺寸进行确认，确保不会出现碰撞情况。

> 2 基础连接板下部的填充方法

隔震装置下方的基础连接板下部，必须确保有均匀的密实混凝土状态。应根据基础、基础连接板的形状和大小及钢筋的配置密度来选择合适的填充材料和浇筑施工方法，并在施工技术方案中记载。

3 密实性能确认试验

基础连接板下部的填充施工要领，由施工现场按与实际施工同样条件来决定实施事先的施工试验。密实度的判断标准不应过严和设定不现实的目标。应能确保均匀质量的密实度目标值，并在施工技术方案中记载。

4 基础连接板的设置安装

基础连接板安装时应确保隔震装置的位置精度·倾斜·扭转误差均在施工管理值以下。并采取措施用铁板加以固定，以避免在浇筑混凝土时发生移动。

2.2.8 施工阶段的检测、竣工阶段的检测

关于隔震构件的设置工程，其安装精度和隔震层的主体结构施工管理都必须精心细作。在施工技术方案中决定有关施工时检测以及竣工时检测的检测方·检测项目·管理标准值并事先得到工程监理方的审核和认可。

1 隔震构件安装时的精度管理

对下部基础连接板的水平位置·倾斜·扭转应实施精度管理。因基础混凝土浇筑以后是无法校正的，所以在基础混凝土浇筑前的精度检测以及连接板的固定方法尤为重要。施工时的检测对象和测量位置·管理值·时期以及固定方法应在施工技术方案中记载。

2 隔震层的容许相对位移量

隔震层在竣工验收时的容许相对位移量，必须确保不小于设计容许相对位移量。以此必须条件为前提来设定施工容许相对位移量，并编制施工阶段容许相对位移量的管理计划。

3 隔震层的竣工检测验收

竣工时的检测，通常是在施工方的责任基础上实施的验收。其数据将成为竣工后的维护管理的初始数据。所以，希望由具有专业资质的第三方实施检测验收。

施工技术方案中应记载由谁来实施竣工检测验收的内容，并得到工程监理方的认可。

4 竣工检查结果的保管

隔震建筑物在竣工完成后有义务要进行定期的维护和管理。所以施工方在隔震建筑物竣工验收时的检测结果应提交给工程监理方·业主方和建筑物业管理方的同时留档自存保管，并在施工技术方案中明确记载。

2.2.9 施工方案中的注意事项

施工方在编制隔震建筑物的施工技术方案时，特别对以下项目要根据需要考虑具体对策并与工程监理方事先协调决定，并反映在施工方案中。

1 利用综合管线图对各连接部分进行确认

隔震建筑物应考虑在地震时产生的变形下设置设备管道·管线以外，也应包括隔震构件的保养时所需的照明设备和换气设备内容在内，以便将来更好地发挥隔震建筑物的功能和作用。有必要制作综合管线图。并且要考虑将来更换隔震支承构件时的材料和设备的水平·垂直动线和更换方法，并将其反映在施工技术方案中。

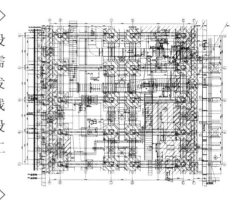

2 RC、SRC 结构主体的干燥收缩等引起的变形对策

隔震建筑物，由于混凝土的自然干燥收缩而导致上部建筑物主体会发生收缩现象。端部的隔震构件沿中心方向会发生收缩变形现象较多，同时由温度变化引起的主体结构膨胀伸缩也导致隔震构件在水平方向会发生变形。其相应对策可通过设置收缩带，使用收缩率低的混凝土材料来解决。这些对策应事先得到工程监理方的认可，并反映在施工技术方案中。

3 上部主体结构的混凝土浇筑方案

平面形状较大的建筑物和高层建筑物等，应将主体结构体分割成不同工区实施分区先后施工。在充分研讨的基础上注意包括隔震构件会可能发生的先行弹性变形位置与其他部分连接处，不应设置高低差以免发生问题，并将此内容编写入施工技术方案中。

4 隔震层的防雨对策

在施工过程中会发生下雨和结露，必须考虑对隔震支座构件实施养护和防止钢板生锈等对策。进而，施工期间中也可能会发生雨水流入隔震层的异常紧急情况，此时就不可避免隔震支承构件被水淹没。为了防止雨水的流入，应研讨在隔震层内设置排水泵以及休息天的监视体制等对策，并将其内容编写入施工技术方案中。

5 隔震层的换气

通常，隔震层内的换气状况都不太好，由于空气流动的停滞，较容易引起结露并导致隔震支承构件产生耐用年效、性能上的不良影响，所以，必须根据实际情况研讨施工中的换气对策，并将其反映在施工技术方案中。

6 隔震层的防火对策

当隔震支座构件附近有使用火焰施工时，必须对明火和热量进行确切的管理。不仅是隔震层内的明火，由上层落下的火花和火焰都有可能引起隔震支座构件的损伤。所以其注意事项应在施工技术方案中明确记载。

7　预应力张拉时的影响

隔震层上部有时会有预应力结构梁，当外周有挡土墙时，梁端部应注意留有张拉预应力固定件和张拉作业的有效空间。当模板支架长期设置时，会产生与隔震层内设备管线工程相交叉的情况。因此，在协调的前提下，决定预应力的张拉导入方法、时期和顺序以及模板支架的拆除方案，并在施工技术方案中明确记载。其他，关于预应力张拉时的隔震支承构件的变形对策等都应事先得到工程监理方的认可。

8　油阻尼器的设置

通常隔震构件中的油阻尼器等黏滞型阻尼器，施工上有一个后置期。安装是在上部结构主体施工完成后实施进行的。此时，阻尼器构件在搬入隔震层内时，需要有足够宽敞的通道空间。为解决这个问题，通常采用阻尼器与其他隔震支座构件等同时期先搬入隔震层内保管，后进行安装的方法。所以，阻尼器从搬入时至安装期止的搁置期间内的保管和保养方法，以及安装时的吊装方案，也应反映在施工技术方案中。

9　确保上部主体结构的水平性

直径较小的滑动·滚动隔震系统由于承压面较小，当上部主体施工时有不均匀荷载发生时，很容易产生倾斜、滑轨滚动隔震支座的场合，当上层轨道发生倾斜时，支承就有可能不能正常工作并有损坏的可能，所以应在施工技术方案中明确记载浇筑混凝土时应设置临时支承以确保上部主体结构的水平性。

10　其他

法律规定：隔震建筑物必须"在出入口等容易看见的场所，应设置建筑物是隔震建筑以及其他必要注意事项的标识板"。其内容和设置位置可与工程监理方协调后决定。必须设置标识板的主旨应在施工技术方案中明确记载。

设计说明书中，往往会有必须设置位移测量仪的要求。因为针式位移测量仪的记录板有多种多样格式，所以应在与工程监理方协调的前提下决定具体规格，并在施工方案中记载。

2.3 施工技术方案的详细确认表格（例）

此页以后的内容是施工时的详细确认表格（例），将对编制施工技术方案起到很大的帮助。施工方可在填写本表的基础上，参考其恰当范围来完成施工技术方案的编制。

详细确认表格（例）的填写项目和管理值等毕竟只是一个目标而已。施工方可根据实际工程项目的具体情况来设定确认项目和管理值等。

Sheet-01

※ 涂色栏由施工方适当记载

工程　管理要领

作业区分	方案内容/作业内容	重要度	管理项目	管理内容	管理值	管理区分 发包方	监理方	施工方	合作伙伴	时期	方法	频度	问题的处理	管理记录	备注
方案阶段	编制隔震工程施工方案		掌握设计图纸的内容		需要故掌握的必要内容 • 设计有效空间值 • 合适的隔震构件的生产厂家、认定番号 • 隔震构件的规格 • 隔震构件的要求性能值 • 隔震构件的管理值 • 隔震构件的性能管理值 • 隔震构件的临时固定方法 ※ 隔震构件包括方法・隔震柔性接头内容 • 隔震工程的施工流程 • 基础连接板下部的填充施工方法 • 施工时精度管理项目 • 施工精度管理值 • 螺栓扭矩管理值 • 隔震部位竣工检查的管理值 • 临时架构管理方案 • 安全・环境管理要求等					方案开始时	与设计图纸对照 与JSSI隔震结构施工标准对照	—	修正 ※设计图纸中没有记载的项目,通过工程监理方向设计方提出质疑	施工方案	由施工方做适当记载
	隔震部分综合图的绘制		确保隔震性能		需要确保的设计图纸所记载的质量要求 • 确保施工图误差相对位移量 • 确保隔震设备有效隔离空间 • 管线出入和交换空间 • 确保隔震构件的搬运出入的位置 • 明确表示天吊顶的位置 • 是否需要设置复位原点的设备等					绘制综合图时	与综合图对照	绘制每一版本的综合图	修正 ※设计图纸中没有记载的项目,通过工程监理方向设计方提出质疑	综合图	
	施工图的绘制		确保隔震性能		需要确保施工图所记载的质量要求 • 确保施工图误差许可的相对位移值 • 基础连接板的锚栓与钢筋的位置 • 隔震构件的锚栓与钢筋的细节相对位置 • 隔震构件与上部钢结构的细节相对位置 • 隔震支座与临时固定装置的连接 • 隔震支座的安装细节 • 隔震缝的防火保护细节 • 隔震支座的防火保护细节等					绘制施工图时	与施工图对照	绘制每一版本施工图	修正	施工图	

21

Sheet-02

※ □ 涂色栏由施工方适当地记载

管理要领

作业区分	方案内容/作业内容	重要度	管理项目	管理内容	管理值	发包方	监理方	施工方	合作伙伴	时期	方法	频度	问题的处理	管理记录	备注
方案阶段	临时架构方案		确保施工中的安全		要确保施工工期间可能发生地震时临时架构的安全性 ·外部脚手架的设置方法、确保安全性 ·选定起重机 　·塔式起重机的设置方法、确保安全性 　·施工用电梯、升降机的设置方法、确保安全性 ·确保进入建筑物通道部分的安全性 ·确保隔震物周围的临时固定设备安全性 ·钢隔震结构的临时固定支架方案 ·隔震支座的临时固定、养护方案等					临时架构方案编制时	临时架构的结构计算	一	修正	临时架构方案图	
	安全施工方案		安全管理方案		要确保施工工期间可能发生地震时隔震建筑物内以及周边施工人员的安全					隔震工程开始前	一	一	再研讨、修正	安全管理任务书 新进场员工的教育资料 安全施工教育资料	
制造管理	隔震构件的制造管理		制作·检查要领书的确认	明确记载必须的内容、管理值	·适用范围、使用规格、公司组织结构 ·构件的制造厂家、制作范围等 ·使用用材料及其规定 ·使用构件的可追踪性 ·使用材料的可追踪性 ·检查项目、检查方法、频度、管理值 ※制造的表示方法、施工方列席等 ·出厂时的捆包、养护、临时固定等 ·制造方提交文件 ·附属品等					制造开始前	与设计图纸、施工方案记载内容进行对照	每次领	再研讨、修正	制作·检查要领书领书	
			实施列席检查	确认满足制作·检查要领书所记载的内容	·使用材料的可追踪性 　·种类、数量、尺寸 　·外观、性能值 　·防锈 　·性能表示 ·产品的表示					制作完成时制作·检查要领书的记载时期	与制作·检查要领书、制造方自主检查报告书、列席检查报告书对照确认	制作·检查要领书领取频率	·修补 ·再制造	制造方的自主检查报告书 列席检查报告书	
			实施进场验收	确认满足设计图纸、制作·检查要领书所要求的品质	·养护状况 ·产品表示 ·主体结构面的伤痕、变形等 ·安装面的伤痕、变形等 ·防锈面的伤痕、生锈					产品搬入时	与制作·检查要领书、制造方自主检查报告书、进场检查报告书对照确认	每辆搬入车辆	·修补 ·再制造	进场检查记录	

※ ▨ 涂色栏由施工方适当地记载

作业区分	方案内容/作业内容	重要度	管理项目	管理内容	管理值	管理要领 发包方	监理方	管理区分 施工方	合作伙伴	时期	方法	频度	问题的处理	管理记录	备注
工程															
制造管理	基础板连接的制作管理		确认制作·检查要领书	需要记载的必要内容、管理值、管理范围等	·适用范围、适用规格、制作范围等 ·构件的制作场所、公司的组织架构 ·使用材料的规定 ·基础连接板的可追踪性 ·检查项目、检查方法、频度、管理值 ·※ 制造方检查列席检查 ·产品的表示内容 ·出厂时的捆包、养护、临时固定等 ·制造方提交文件 ·附属品等					制作开始前	与设计图纸、施工方案记载内容对照	每次领收	再研讨后进行修正	制作·检查要领书	
			实施列席检查	确认满足制作·检查要领书所记载的内容	·使用材料的种类、数量 ·外观、尺寸、弯曲、焊接部分 ·防锈					制作完成时制作·检查要领书的记载时期	与制作·检查要领书记载内容进行对照	制作·检查要领书所记载的频度	·修补 ·再制作	制造方自主检查报告书 列席检查报告书	
			实施进场验收	确认满足设计图纸、制作·检查要领书所要求的质量	·产品表示 ·养护状况 ·伤痕、变形等 ·生锈					产品进场时	与制作·检查要领书、制造方自主检查报告书、列席检查报告书进行对照	每辆搬运车辆	·修补 ·再制作	进场检查记录	
	设备管置柔性连接的制作管理		设计图纸的确认	采用能满足性能要求的柔性接头	·确认性能抗震性能 ·确认抗疲劳性能 ·确认形状隔震柔性接头的形式 ·确认用途、管道种类、设置环境 ·安装螺栓的规格 ·防锈规格					发包时	与设计图纸记载内容进行对照	每次发包	柔性接头的再选择		
			产品检查	根据设计说明书进行确认	·性能确认试验的成绩单 ·确认形状外观检查 ·尺寸 ·连接部的外观 ·法兰的变形 ·防锈					制作完成时	确认检查成绩单	每次发包	·重新发包 ·再制作	制造方自主检查报告书	
	隔震缝的制作管理		设计图纸的确认	采用能满足要求性能的隔震缝	·确认产品详图 ·每个部位的隔震缝数量 ·确认设计可移动量 ·确认设计残留变形量 ·确认设计荷载 ·检修方法					发包时	与设计图纸记载内容进行对照	发包时	隔震缝的再选择		

Sheet-04

※ 涂色栏由施工方适当地记载

工程	作业区分	方案内容/作业内容	重要度	管理项目	管理内容	管理值	发包方	监理方	施工方	合作伙伴	时期	方法	频度	问题的处理	管理记录	备注
	制作管理	隔震缝的制作管理		产品检查	确认设计规格、要求性能是否满足要求	·外观 ·尺寸 ·性能确认试验成绩单					制作完成时	确认检查成绩单	每次领收	·重新发包 ·再制作	制造方的自主检查报告书	
	基础连接板下部填充	填充用大流动混凝土规格		决定配合比 ·设计强度 ·水灰比 ·坍落度扩展值 ·高性能AE添加剂	采用适合填充的配合比	·设计图纸的指定强度以上 ·40%以下（推荐35%以下）…参考 ·60cm…参考 ·黏性的确认					收到配合比方案时	与设计图纸进行对照	—	再研讨后进行修正	配合比方案	
		大流动混凝土密实度的确认		试验搅拌 ·强度 ·坍落度扩展值 ·50cm坍落度筒的提升时间 ·泌水 ·扩展值损失 ·氯离子含量	确保适合填充的和易性	·设计强度以上 ·60cm±5cm…参考 ·3～8sec ·满足强度 ·冬季120min，夏季90min的管理参考值 ·0.3kg/m³以下					在实施密实度确认试验前	列常检查	配合比	配合比方案的再实施	规样试验报告书	
		试验体的制作筹划		选定试验对象的BPL	根据设计图纸所记载 最大尺寸或者特殊形状						试验方案编制时	与监理方进行协调	—	再研讨	密实度性能确认试验方案	
				试验体的制作件数	根据设计图纸记载 试验体1台（参考）						试验方案编制时	与监理方进行协调	—	再研讨	密实度性能确认试验方案	
				制作试验体BPL	与实际物体同样形状和尺寸 基础连接板厚与管理方协调决定						试验方案编制时 收到BPL制作图纸后	与制作图纸进行对照	—	再研讨		采用可拆卸的螺栓套筒和长锚栓
				试验体下部基础制作的制作	与实际物体同样形状同样尺寸 配筋根据设计图纸实施						试验方案编制时	与制作图纸进行对照	—	再研讨		
		填充方案的筹划		混凝土的浇筑方法	有计划地决定适合的浇筑系统 决定施工方的浇筑方法						试验方案实施前	与施工方技术部门进行研讨协调	—	再选定	密实度性能确认试验方案 浇筑方案	压注管道采用与实际施工同等长度密实度确认
				施工人员的选定采购配置	实际施工人员的选定和配置						试验方案编制时	向合作伙伴进行确认	—	再研讨		根据密实性能确认试验结果编制
		密实度的确认判定		密实度管理值	根据施工图纸所记载 本施工标准记载的密实度						试验方案编制时	与监理方进行协调	—	再研讨	密实度试验方案	
				密实度的测量法	立采合适的测量方法						试验方案编制时	与施工方技术部门进行研讨协调	—	再制作		
				大流动混凝土的浇筑进出管理	以下的项目都要满足管理值 ·坍落度扩展值的提升时间 ·50cm坍落度筒的提升时间（推荐） ·空气量 ·单位水量 ·氯离子含量 ·试验体的制作						试验方案编制时	列常检查	每次搬入	再制作		
				填充结果	是否满足管理值						填充试验完成后 填充后2天左右	计算密实度	每次试验	再研讨、再试验	密实度性能确认试验报告书	

※ ▨ 涂色栏由施工方适当地记载

工程

管理要领

作业区分	方案内容/作业内容	重要度	管理项目	管理内容	管理值	发包方	监理方	施工方	合作伙伴	时期	方法	频度	问题的处理	管理记录	备注
基础连接板下部的填充	高强度砂浆的规格		决定砂浆材料	• 固结时的收缩 • 流动性 • 泌水 • 施工性	是否采用适用填充的砂浆 • 下部基础混凝土强度以上 • 无收缩 • 良好 • 微量 • 调制产品					试验方案编制时	与产品介绍对照	—	再研讨	密实度性能确认试验方案书	密实度性能确认试验方案书
	试验体的制作		选定试验对象 BPL	根据设计图纸的记载 最大尺寸或者特殊形状						试验方案编制时	与监理方·设计方进行协调	—	再研讨		
			试验体制作数量	根据设计图纸的记载 1台(参考)						试验方案编制时	与监理方·设计方进行协调	—	再研讨		
			制作试验体 BPL	与实际物体同样尺寸 基础连接板厚与管理方协议决定						试验方案编制时 收到BPL制作图纸后	与制作图纸进行对照	—	再研讨		采用可拆卸的长螺栓套筒和锚栓
			试验体下部基础的制作	配筋根据设计实施 与实际物体同样形状和尺寸						试验方案编制时	与制作图纸对照	—	再研讨		
	试验体的密实度确认		浮浆的处理	下部基础顶面的合适处理方法和方案						试验方案编制时	与施工技术部门进行研讨和协调	—	再研讨		
			砂浆的填充方法	有计划地设定合适的填充系统						试验方案实施前	与施工技术部门研讨和协调	—	再研讨		
			选定和配置施工人员	选定和配置实际的施工人员						试验方案编制时	向合作伙伴确认	—	再选定		
			密实度的管理值	根据设计图纸所记载 本施工标准记载的密实度						试验方案编制时	与监理方·设计方进行协调	—	再研讨		
			密实度的测量法	立案合适的测量方法						试验方案编制时	与施工技术部门进行研讨和协调	—	再研讨		
	填充方案的立案		砂浆材料的搅拌管理 • 水量 • 试验砂浆流出漏斗的时间(稠度试验) • 砂浆入模温度 • 使用时间 • 压缩强度	满足以下项目的管理值 • 制造方指定的数值以内 • 制造方所保证的温度以内 • 制造方指定的数值以内 • 设计强度以上						试验方案编制时	列举实际值	每次试验	再施工		
			假定固结时的气温	假定固结时的最低气温	假定固结时最低气温在5℃以下时 需要进行保温养护研讨					试验方案编制时	由气象统计进行推算	每次试验	再研讨		
	密实度的判定		填充结果	填充结果	满足管理值					填充试验完成后 填充后2天左右	计算管理值	每次试验	再研讨、试验	密实度性能确认试验报告书 填充方案书	根据密实度能确认试验结果编制

25

※ ▨ 涂色栏由施工方适当地记载

工程

作业区分	方案内容作业内容	重要度	管理项目	管理内容	管理值	发包方	监理方	施工方	合作伙伴	时期	方法	频度	问题的处理	管理记录	备注
隔震部施工准备工作管理	确认安装位置的墨线		隔震构件中心位置墨线 基础连接板中心位置墨线		与施工图进行对照 根据施工方的施工质量管理标准决定精度					实施弹墨线时	胶带	隔震工程开始前	修正	确认表	基准点有数个时的场合
	基础上支墩的配筋		基准标高		确认与基准点之间的标高差 根据施工方的施工质量管理标准决定精度					设置基准点时	标高	全数量	修正	确认表 照片	设置有数个基准点的场合
隔震下部基础的配筋	基础的配筋		钢筋种类、直径、根数、钢筋间距		与施工图一致 与定型模板对照					配筋时	目测 与定型模板对照	全数量	修正	确认表 照片	
			下部基础连接板安装时没有障碍		与长螺栓套筒、锚钉、螺栓支架相互不干涉					配筋时	目测 与定型模板对照	全数量	修正	确认表	
			上排钢筋高度		确保与下部基础连接板有适当连接层厚度					配筋时	目测 标高	全数量	修正	确认表 照片	
隔震连接板的配筋·模板	设置锚栓固定用支架		安装位置、顶部高度		与施工图一致 与配筋详图一致					安装时	目测 标高	全数量	修正	确认表	
			与基础、地梁钢筋的配筋		与钢筋没有碰撞					安装时	目测	全数量	修正	确认表 照片	
			固定度		固定结实					安装时	目测、触摸	全数量	再固定	确认表	
侧面模板的组装			确保混凝土的溢出孔		确保混凝土填充的溢出空间					模板组装时	目测	全数量	修正	确认表 照片	大流动混凝土填充的场合
安装隔震下部基础连接板的进场			制造厂家名、种类、制造番号等		与搬入预定表一致					产品到达时	与进场预定表对照	全数量	再进场	确认表 照片	
			涂装面的伤痕、生锈		通过目测没有发现伤痕					产品到达时	目测	全数量	修补	确认表	
			局部的变形、弯曲、撞击痕		设置上不存在发生障碍的变形					产品到达时	目测、触摸、测量	1台以上/搬运车辆	修补、再加工、再制作	确认表 照片	
			养护的状态		实施制作要领书所记载的养护没有剥落和伤痕					产品到达时	目测	1台以上/搬运车辆	再养护	确认表	
安装下部基础连接板			水平精度 位置精度		施工方案所记载的管理值以内					拼装时	标高、比例尺	全数量	重新设置	确认表 照片	
			固定度		固定结实					拼装时	目测、触摸	全数量	重新固定	确认表	
混凝土的进场	混凝土的状态		坍落扩展值 50cm坍落筒的提升时间 空气量 氯离子含量 单位水量（推荐）		配合比方案记载的管理值内 JASS5 密实度性能确认试验确认结束上的管理值以内					填充混凝土浇筑开始时	根据JASS5试验方法	全数量	配合研讨的基础上重新制作	试验成绩单	适当追加实施和易性试验
	混凝土试样		采集试样		设计强度以上					填充混凝土浇筑开始时	试验成绩单的确认	1次/（浇注目 1次）12次/150㎥	再施工	试验成绩单	
	到达时间		混凝土和易性的确保		能确保混凝土浇筑结束上的和易性					搬运车辆到达时	出厂证明的确认	全数量	返送		

26

Sheet-07

※ ▨ 涂色栏由施工方适当地记载

工程	方案内容作业内容	重要度	管理项目	管理内容	管理值	发包方	监理方	施工方	合作伙伴	时期	方法	频度	问题外处理	管理记录	备注
隔震部施工管理 · 隔震部基础施工管理	浇筑下部基础混凝土填充		浇筑时间管理	在确保和易性时间内实施浇筑	冬季120min、夏季90min以内浇筑完毕/每辆					搬运车辆到达时	出厂证的确认	全数量	返送		
			浇筑连接部分的处理	确保混凝土浮浆的附着力	除去表面浮浆、实施清扫					浇筑前	目测	全数量	再处理、再清扫	确认表 照片	
	填充混凝土的浇筑		施工方法	施工方法的确认	根据密实度性能试验结果决定实施工顺序					浇筑时	目测	全数量	作业顺序的修正	确认表 照片	
			填充的确认		排气、基础连接板外周要保持砂浆均等饱满溢出					浇筑时	目测	全数量	修正		
			混凝土的顶标高		根据浇筑方案和施工图规定、浇筑至必要的高度					浇筑时	目测 比例尺	全数量	修正	确认表 照片	
			混凝土浇筑孔的表面处理		与基础连接部没有高低差、接合面平整、光滑					浇筑完成后	目测	全数量	修正		
	混凝土表面的养护		混凝土表面的养护	实施适当的养护	根据适当养护方案进行					浇筑完成后	目测	全数量	修正	确认表 照片	
砂浆填充	基础混凝土连接部分的处理		基础混凝土连接部分的处理	确保混凝土的附着力	除去表面浮浆、实施清扫					浇筑前	目测	全数量	再处理、再清扫	确认表 照片	
	基础混凝土表面浇筑		混凝土表面的平整		为确保填充砂浆保有必要的浇筑间隙					浇筑时	目测 比例尺	全数量	修正	确认表 照片	
			混凝土顶标高的平整		实施平整、光滑再次浇筑					浇筑时	目测	全数量	修正		
			确保砂浆的附着力		除去表面浮浆、实施清扫					浇筑完成后	目测	全数量	再处理、再清扫	照片	
			基础连接板底面附有残留混凝土		没有残留混凝土					浇筑完成后	目测	全数量	清扫		
	砂浆的搅拌		产品种类、数量		与搅拌方案一致					制品进场后	与发货证对照	每次搬入	再搬入	确认表 照片	
			砂浆的搅拌管理		以下的项目满足管理值 · 水量 · 试验流出漏斗时间 · 砂浆温度 · 使用时间 · 压缩强度					砂浆搅拌时	列举检查	每天作业开始时	修正	确认表 照片	
	砂浆的填充		施工方法	施工方法的确认	根据密实度性能确认试验结果决定施工顺序					浇筑时	目测	全数量	作业顺序的修正	确认表 照片	
			填充的确认		排气孔和基础连接板外周要保证砂浆均等饱满溢出					浇筑时	目测	全数量	修正	确认表 照片	
			固结时候最低气温		当固结时最低气温在5℃以下时、要考虑保温养护					施工日的前一天	根据气象统计进行推算	每个施工日	再研讨	试验成绩单	
			混凝土浇筑孔的表面处理		与基础连接板没有高低差、接合部平整、光滑					浇筑时	目测	全数量	修正	确认表 照片	
隔震支座的设置	隔震支座的进场		制品厂家名、种类、制造番号等		与搬入预定表一致					制品进场时	与搬入预定表对照	全数量	再搬入	确认表 照片	
	隔震支座的设置		养护的状态		实施支座要领书所记载的养护、养护部分没有剥落和污染					制品进场时	目测	全数量	确认隔震支座表面后进行养护		
			隔震支座主体的裂痕、龟裂、抓痕、变形		不存在有害的裂痕和变形					制品进场时	目测、触摸、测量	1台以上/每台搬运车辆	再制作		
			法兰部、滑板的局部变形、撞痕和弯曲		设置上不存在会发生隔板的变形					制品进场时	目测、触摸、测量	1台以上/每台搬运车辆	补修、再加工、再制作		
			涂装面的损伤、生锈		通过目测不能发现损伤					制品进场时	目测	1台以上/每台搬运车辆	补修、再制作		

※ ▭ 涂色栏由施工方适当地记载　　　　Sheet-08

作业区分	工程：方案内容	工程：作业内容	重要度	管理项目	管理内容	管理值	发包方	监理方	管理区分：施工方	管理区分：合作伙伴	时期	方法	频度	问题的处理	管理记录	备注
隔震部施工管理	隔震支座的设置	安装隔震支座		水平精度 位置精度		施工方案所记载的管理值以内					组装时	标高、比例尺	全数量	再组装	确认表 照片	
				固定度		按施工方案所记载的力矩值拧紧					组装时	力矩扳手	全数量	再拧紧		
				安装螺栓作定位标记		实施定位标记					拧紧时	目测	全数量	实施定位标记		
		隔震支座的养护		安装后的养护、保护状态		根据施工方案记载实施养护、保护					安装完成时	目测	全数量	实施保护、养护	确认表 照片	
	阻尼器的安装	阻尼器的验收		制造厂家、种类、制造番号等		与搬入预定表一致					产品入场时	与搬入预定表对照	全数量	再搬入	确认表 照片	
				养护的状态		按制作要领书记载实施养护 养护部分没有剥落和伤痕					产品入场时	目测	全数量	确认阻尼器的表面后进行养护		
				阻尼器主体的伤痕、龟裂、损伤、变形		不存在有害的伤痕和变形					产品入场时	目测、触摸、测量	1台以上／每台搬运车辆	修补、再制作		
				法兰部、滑板的局部变形、撞痕和弯曲		设置上不存在会发生障碍的变形					产品入场时	目测、触摸、测量	1台以上／每台搬运车辆	修补、再加工、再制作		
				涂装面的伤痕、生锈		不存在目测能确认的伤痕					产品入场时	目测	1台以上／每台搬运车辆	修补		
		安装阻尼器		水平精度 位置精度 安装方向 安装长度（液体系列阻尼器）		施工方案所记载的管理值以内					组装时	标高、比例尺	全数量	再组装	确认表 照片	
				固定度		按施工方案所记载的力矩值进行拧紧					组装时	力矩扳手	全数量	再拧紧		
				安装螺栓作定位标记		实施定位标记					拧紧时	目测	全数量	实施定位标记		
		阻尼器的养护		安装后的养护、保护状态		实施施工方案记载的养护、保护					安装完成时	目测	全数量	实施保护、养护	确认表 照片	
	上部基础连接板的安装	上部基础连接板的入场验收		制造厂家、种类、制造番号等		与搬入预定表一致					产品入场时	与搬入预定表对照	全数量	再搬入	确认表 照片	
				涂装面的伤痕、生锈		不存在目测能确认的伤痕					产品入场时	目测	1台以上／每台搬运车辆	修补		
				局部变形、撞痕和弯曲		设置上不存在会发生障碍的变形					产品入场时	目测、触摸、测量	1台以上／每台搬运车辆	修补、再加工、再制作		
				钢结构拼装用锚栓的状态		螺纹部分没有弯曲和伤痕					产品入场时	目测	全数量	修补		
				养护状态		按制作要领书记载实施养护 养护部分没有剥落和伤痕					产品入场时	目测	1台以上／每台搬运车辆	再养护		
		上部基础连接板的安装		水平精度 位置精度		在施工方案记载的管理值以内					组装时	标高、比例尺	全数量	再组装	确认表 照片	
				固定度		按施工方案记载的力矩值拧紧					组装时	力矩扳手	全数量	再拧紧		
				安装螺栓作定位标记		实施定位标记					拧紧时	目测	全数量	实施定位标记		

Sheet-09

※ ☐ 涂色栏由施工方适当地记载

作业区分	方案内容作业内容	重要度	管理项目	管理内容	管理值	管理区分 发包方	监理方	施工方	合作伙伴	时期	方法	频度	问题的处理	管理记录	备注
上部建筑物施工中	上一层钢结构拼装 · 安装防止变形夹具的状态		安装防止变形夹具状态		按施工方案、施工图、施工详图实施					安装时	目测	全数量	再安装	确认表 照片	
	锚栓定位的状态		固定度		固定结实 没有弯曲、变形和伤痕					钢结构拼装开始前	目测	全数量	修补		
	隔震构件拼装		承重螺母的标高		按施工方案、施工图、施工详图实施					钢结构拼装开始前	目测	全数量	修补		
	防止变形夹具的拆卸		防止变形夹具的拆卸状态		解体完成并已撤出处理完毕					隔震层的模板支柱解体后	目测	全数量	解体、撤除		解体时期的研讨
	隔震座的支承的状态		隔震座支承的水平、竖向变位		在施工方案所记载的管理值以内					频度与监理方进行协议后决定	游标卡尺、斜度计等	指定场所	在调查的基础上与监理方、造方进行协议	确认表 照片	可省略
隔震层施工完成后的管理	隔震构件的养护		养护状态		按养护要领书记载实施养护 养护材没有剥落和伤痕					频度与监理方进行协议后决定	目测	全数量	确认主体表面后再进行养护		
	设计容许相对位移值		设计容许相对位移值		确保设计容许相对位移值					隔震层的模板支柱解体后、定期	比例尺	全方位	修补		
	隔震缝		底板结构的确认		确保隔震缝在地震中能具有足够的强度					安装时	目测	全数量	修补、补足		
			安装状态		与底材结构牢固连接					安装时	目测	全数量	修补		
			周边状况		在隔震缝的功能范围内不能存在可能的障碍物					安装时	目测	全数量	修补		
	设备可挠柔性接头、管道		设备可挠柔性接头的固定状态		按制造方推荐的位置固定					安装时	目测	全数量	修补		
			管道的容许相对位移管理		确保与其他管道、管线、结构主体有容许相对位移					安装时	目测	全数量	修补		
隔震部件竣工检查前	隔震构件的养护		养护的撤除状况		养护材的拆卸且已撤出处理完毕					隔震部分的竣工检查实施前	目测	全数量	拆卸养护	确认表 照片	
			设置主体养护材料		完成主体养护材料的设置					隔震部分的竣工检查实施前	目测	全数量	实施养护		
	隔震构件的外观		隔震构件主体的伤痕、龟裂、损伤、变形		不存在有害的伤痕和变形					隔震部分的竣工检查实施前	目测、触摸、测量	全数量	修补、重新制作后进行更换		滑动系列隔震支座等
			法兰部、滑板的局部变形、擦痕和弯曲		设置上不存在会发生障碍物的变形					隔震部分的竣工检查实施前	目测、触摸、测量	全数量	修补、再加工、重新制作后进行更换		
			涂装面的伤痕、生锈		不存在目测能发现的伤痕					隔震部分的竣工检查实施前	目测	全数量	修补		
	隔震构件的安装螺栓		固定度		按施工方案记载值再拧紧					隔震部分的竣工检查实施前	力矩扳手	全数量	拆卸部分的再拧紧		能与施工时有定位标记有所区别
			安装螺栓作最终定位标记		实施定位标记					隔震部分的竣工检查实施前	目测	定位标记有错位部分的全数量	实时定位再标记		

29

3. 制造管理

> 为了确保《设计图纸》规定的隔震构件所需要的质量，施工方在隔震构件的制造发包时，应与专业生产制造厂商进行充分的沟通，实施制造管理。

　　隔震构件在制造过程中的质量管理分为《隔震构件专业生产制造厂商（以下称生产制造厂商）的自主管理状况的确认》和《施工方列席检查的管理》两种。根据各自的检测项目进行文件（验收报告书等）的确认，并根据现场列席检测情况实施质量管理。

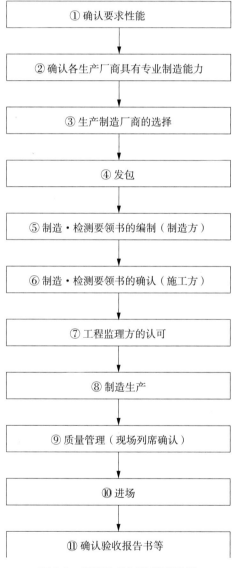

图 3.1　隔震构件制造管理流程

3.1 隔震支座的制造管理

施工方应根据《设计图纸》对隔震装置所要求的结构、尺寸、性能以及质量来发包订货，并为了充分满足其要求质量进行制造管理。

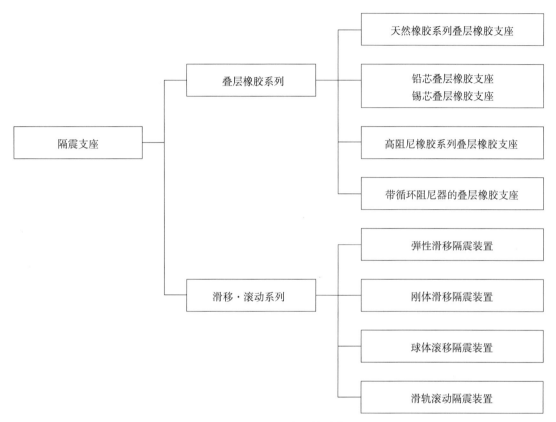

图 3.1.1 隔震支座的种类

（1）隔震支座的种类

隔震支座应具有支承建筑物荷重的性能，地震时在支承建筑物的状态下要求同时具有大变形功能和能使建筑物恢复原位的复位功能以及能衰减振动运动的阻尼消能功能。

设计上采用的隔震支座的种类和特性在《设计图纸》里应有明确阐述。施工方必须根据这些构件所要求的功能和规格来进行制造管理。

① 叠层橡胶系列隔震支座

叠层橡胶系列隔震支座由钢板和橡胶相互叠置而成。垂直方向刚度大，能承载很大的荷重。水平方向利用橡胶的剪切刚度柔软的性能而形成很大的变形能力。如使用具有弹性特性的天然橡胶的叠层系列并在其中心处放入铅或锡棒就形成具有橡胶部分的弹性与铅或锡的衰减组合功能的高阻尼橡胶系列的叠层支座。如使用具有弹性功能的天然橡胶并在其翼缘部设置钢材阻尼器，则形成具有橡胶的弹性和钢材的衰减组合功能的循环系列阻尼器的叠层橡胶支座。

② 滑移系列隔震支座

滑移系列隔震支座是通过滑板与滑块在一定可控范围内相互摩擦的组合型隔震构件。滑块一般由聚四氟乙烯树脂（PTFE）组成。滑板通常采用不锈钢或特种钢制成。滑移系列隔震支座除有在叠层数较少的叠层橡胶支座的底面设置滑移材料的弹性滑移隔震支座和将滑移材料设置在翼缘钢板上的刚性滑移隔震支座外，还有将滑移面做成球形面以保持复位力的球面滑移隔震支座等。

③ 滚动系列隔震支座

滚动系列隔震支座有在正交方向设置二层直线轨道上用轴承来实现滚动的滑轨滚动隔震支座；或在平面及凹面的板上设置用钢珠来实现滚动的平面·球面滑板隔震支座等。通常，由钢珠形成的轴承及滚动面使用经过热处理的高硬度钢材，具有高强度承载能力。因为滚动系列隔震支座的摩擦系数非常小不能期待其衰减功能，通常与其他有复位力特性和阻尼功能的隔震支座组合使用。滑轨滚动隔震支座具有在隔震侧建筑物发生张拉时，有能向下方基础传递拉力的特征。

（2）确认要求性能

施工方必须在隔震支座制造生产之前，对设计图纸所要求的性能进行确认，充分理解质量管理项目内容及其管理频度和管理区分范围。需要预先分类整理出可用实际产品来确认的项目和不能用实际产品来评估的项目，或者评估需要做长时间的耐久性试验项目等。

由于存在设计方有根据隔震支座的弹簧系数，阻尼特性和检查条件而采用独自设计值的可能性，专业生产厂商的定型产品有可能满足不了设计值的要求时应与制造厂商在确认的基础上，通过质疑书与工程监理方进行协调。

滑轨滚动支座、弹性滑移支座和油压阻尼器等，由于施工误差及结构主体的收缩·膨胀等原因，会引起其可动范围发生偏差。例如，油压阻尼器的设计可动范围为 ±60cm 时，由于施工误差和结构主体的收缩等原因，其实际的可动范围可考虑在 + 62cm～-58cm 范围内。当设计有效空间要求为 60cm 时，则可动范围要比设计有效空间要小。当设计可动范围比设计有效空间要小且没有余量的场合时，应通过质疑书等事先与工程监理方进行协调。

（3）隔震支座的制造·检测要领书的认可

施工方应与隔震支座制造厂商在事先协调，要求制造方提交制造方法，检测要领书包括产品出场包装要求内容的《制造·检测要领书》。施工方应根据《设计图纸》记载所要求的性能，确认《制造·检测要领书》内容是否满足所有管理项目要求。通常，《制造·检测要领书》应包含以下内容。

---

1. 总　　则：适用范围、关联规格、制作范围、构件制造的生产工艺流程等
2. 公司概要：构件制造工厂的位置、公司概要
3. 材　　料：橡胶、钢板、铅或锡等使用材料的规定
4. 制造方法：构件结构、构件制造工程、主要工程的特别事项
5. 检　　测：检测项目、检测方法、检测数量、容许值（形状尺寸·材料·弹簧系数（竖向·水平）·阻尼系数（滞回曲线）等）
6. 表　　示：成品的表示内容
7. 出　　厂：产品包装、附属品（专用试件·橡胶样品·调色涂料等）
8. 提出文件：向发包方提交文件
9. 绘制图纸：制造用图纸

并且，对《设计图纸》中通常不明确的记载事项，应该在《制造·检测要领书》中的附属事项中对以下项目作明确表示。

① 涂装时的颜色指定、涂装的范围以及确保现场使用涂装补色笔的规定。

② 进场验收时对必要构件的种类、制造番号的表示。

③ 叠层橡胶系列隔震支座的橡胶部分保护方法；滑移·滚动系列隔震支座的滑移面的保护和临时固定方法等。

（4）质量管理

施工方应根据经工程管理方认可的《制造·检测要领书》内容，实施对隔震支座的质量管理。本书对隔震支座的检测项目，抽样检测数量及管理区分等，在《8. 附录》中表示（由于滑移·滚动支座系列隔震支座种类繁多，在本书中仅取一例表示）。实际应用中，可视其形状特征，根据工程管理方的指示进行调整。

由制造厂商实施的自主管理项目，可以根据验收成绩表汇总。施工方对检测成绩表的内容进行确认验收。确认事先决定的管理项目是否已经实施，检测结果是否满足《设计图纸》的记载要求，并且根据实际情况召集现场验收会对必要的内容进行列席确认。

3.2 阻尼器的制造管理

> 施工方应根据《设计图纸》记载对阻尼器所要求的结构、尺寸、性能以及质量来发包订货，并为了充分满足所需要求质量进行制造管理。

（1）阻尼器的种类

隔震用阻尼器的种类如图 3.2.1 所示。

图 3.2.1　阻尼器的种类

循环·摩擦系列阻尼器是由材料的塑性变形和通过材料之间的摩擦运动将地震能量转换消耗成热能形式的阻尼器，其特征是由材料的机械性能、热处理方法、尺寸变化等都可能引起其性能受到影响，所以必须实现严格的管理。

（2）确认要求性能

施工方必须在阻尼器制造生产之前确认设计图纸所要求的性能，充分理解质量管理项目内容以及其管理频度和管理区分范围。需要预先分类整理出可用实际产品来确认的项目和不能用实际产品来评估的项目，或者评估需要做长时间的耐久性试验项目等。

（3）阻尼器的制造·检测要领书的认可

施工方应与制造厂商在事先协调，要求制造方提交制造方法、检测要领书，包括产品出厂包装要求内容的《制造·检测要领书》。施工方根据《设计图纸》记载所要求性能来确认《制造·检测要领书》内容是否满足所有管理项目要求。通常，《制造·检测要领书》应包括3.1（3）所示内容，并且对《设计图纸》中通常不明确记载事项的以下3点内容应该在《制造·检测要领书》中作为附带事项明确记载。

① 涂装时的颜色指定、涂装的范围以及确保现场使用涂装补色笔；

② 进场验收时对必要构件的种类、制造番号的表示；

③ 出厂时的包装规定。

（4）质量管理

施工方根据经工程管理方认可的《制造·检测要领书》内容，实施对阻尼器的质量管理。本书关于对实际业绩的典型代表阻尼器《U形阻尼器》、《油压阻尼器》的质量管理内容和检测项目、检查频度及管理区分等在《8. 附录》中表示。关于其阻尼器，可以参考上述管理方法进行质量管理[1]。

由制造厂商实施的自主检测结果可以根据检测成绩表汇总编制。施工方对检测成绩表的内容进行确认，应确认事先决定的管理项目是否已经实施，检测结果是否满足《设计图纸》的记载要求。并且根据实际情况召集现场验收会对必要的内容进行确认。

[1] 质量管理中的性能试验方法有以下3种。

① 当对工程实际采用阻尼器实施详细试验比较困难时，或者事先进行特有性能确认试验方法时可采用取代方法解决（如有同等试验体的试验数据，可出具其报告书）。

② 工程实际采用阻尼器的确认方法。

③ 制造与工程实际采用阻尼器同时期同条件的专用试验体，实施作为①所述试验的一部分来确认其性能。

3.3 基础连接板的制作管理

> 施工方应根据《设计图纸》记载对隔震构件用基础连接板所要求的结构、尺寸、性能、质量来发包订货，并为了充分满足要求所需进行制作管理。

阐述基础连接板的制作管理。基础连接板根据管理内容制作。基础连接板具有通过叠层橡胶将上部结构的荷重传递给基础的重要作用。再者，将来叠层橡胶有必要更换时，必须具有可更换的功能。

伴随着基础连接板的制作，包括设计图纸中所记载的项目，应注意施工方法的关联项目尤为重要。

（1）根据设计图纸要求确认事项

板部分	① 基础连接板	材质、形状、尺寸（外形尺寸·板厚·孔径）、数量
锚栓部分	② 锚栓	材质、数量、直径、长度、与钢筋的相对位置
	③ 锚钉	材质、数量、直径、长度、与钢筋的相对位置
	④ 长螺栓套筒	材质、数量、直径、长度、嵌固长度
	⑤ 固定板	材质、数量、直径、厚度、固定方法
成品规格	⑥ 表面处理	防锈规格、最终表面状态
	⑦ 成品质量标准	变形[1]、损伤状态、形状、涂装规格
细节构造	钢筋和锚栓	1. 施工方通过施工图对钢筋和锚栓的相对位置进行确认 2. 发现问题时，施工方尽早通知工程监理方
安装螺栓		材质、数量、直径、长度、防锈规格、强度区分

[1]：如实施表面镀锌加工时，因较容易发生大变形状况，所以检测时必须确认。

关于锚栓以及锚钉与钢筋的相对位移，应特别注意施工方法等，并有必要提前进行研讨。

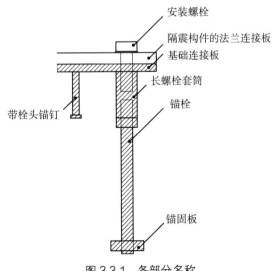

图 3.3.1　各部分名称

（2）制作上的注意点

① 混凝土浇筑孔

为了浇筑基础连接板下部的混凝土，在基础连接板中央有必要设置浇筑孔。孔的直径大小通常为150～200mm左右。弹性滑移隔震支座的情况下，可根据滑板的面积大小来决定，亦可以在中央部分设置数个孔。

② 排气孔（兼作浇筑混凝土确认孔）

浇筑基础连接板下部的混凝土时，由中央部分逐渐向外侧将空气排出。因基础连接板平面尺寸较大，板中间部分较容易产生空气滞留泡，所以应该设置排气孔（直径30mm左右）。当采用砂浆浇筑时，虽然浇筑方向由一方逐渐向另一方施工，同样也有必要设置适当的排气孔。

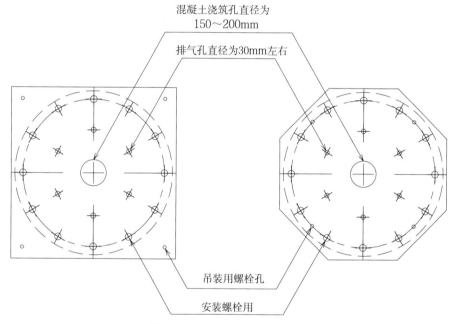

图 3.3.2　基础连接板的孔洞布置（矩形·八角形）

照片 3.3.1　孔洞的机械加工状况

③ 水平约束构件连接孔

水平约束构件，是为了保持固定滑移·滚动系列隔震支座的位置和防止与支座上部的钢结构柱脚安装时产生荷载偏位而设置的，并且为了连接约束构件必须要设置螺栓孔。

④ 吊装用螺栓孔（下部基础连接板）

基础连接板的上面不应设置突出物。吊装用的葫芦吊缆绳可使用拆卸式安装螺栓。在基础连接板上可设置 4 个前后的安装螺栓孔。这些孔亦可以兼作排气孔。

⑤ 调整标高用支架（下部基础连接板）

基础连接板的设置精度中，最重要的项目是水平精度和位置精度。调整标高用支架应该有在垂直·水平方向可调整精度，并具有可以固定的功能。所以，基础连接板侧有安装支架时，其安装方法研讨后并在施工方案书中明确记载。特别是锚栓较长时，其根部必须要有相应的固定措施。

照片 3.3.2　调整标高支架的实例

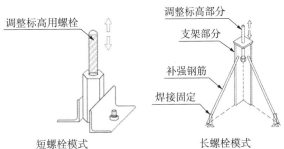

图 3.3.3　锚栓支架实例

⑥ 锚栓

关于锚栓的排列细节、设计方应事先对其与钢筋的相互关系进行研讨，施工方对详图进行确认。特别是锚栓因受拉等原因较长时，为了避免与桩·梁·柱的钢筋碰撞，应事先对其设置方法和施工顺序等进行研讨并与工程监理方协调。

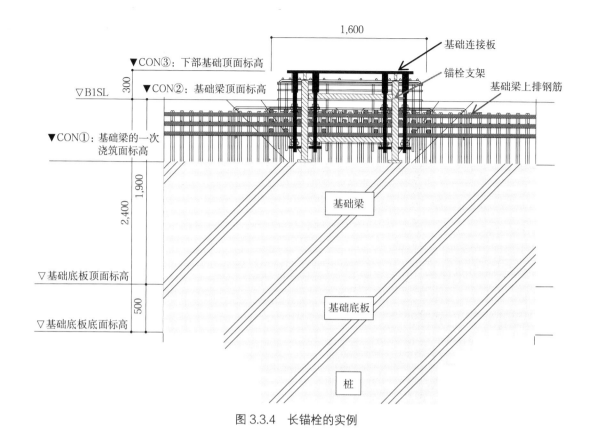

图 3.3.4　长锚栓的实例

⑦ 制作精度

基础连接板的制作精度在原则上必须与叠层橡胶支座的法兰连接板保持同一精度。如果两者间的螺栓孔位置·孔数·直径发生显著误差时，将会导致施工困难。所以，基础连接板的制作精度必须要在进场前进行确认。此时，可从制造厂商取得叠层橡胶支座等隔震构件的法兰连接板的制作样板胶片（定型模板），在制造工厂对基础连接板的螺栓孔的位置·数量·直径进行对照确认。

照片 3.3.3　板面弯曲测量

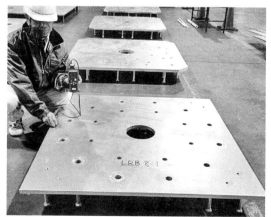

照片 3.3.4　表面涂装膜厚测量

（3）基础连接底板的质量管理

　　施工方可根据设计图纸或经过工程监理方认可后的规定对基础连接板是否具有合适的质量进行管理。表 3.3.1 为质量管理的参考例。

表 3.3.1　基础连接板的质量管理

检测位置	检测项目	检测方法	检测数量	判断标准	处理方法
材料	钢材的质量证明书	对照	全数	与所定规格一致	重新制作
锚钉	焊接部分的外观[1]	目测	全数	与所定形状一致	重新制作
	焊接部分的强度[2]	弯曲试验	抽样[3]	具有所规定的强度	重新制作
基础连接板	螺栓孔的位置、直径	测量	全数	是否可以施工，通过模板进行对照	重新制作
	连接板面的弯曲	测量[4]	全数	弯曲变形量在公差 1/500 以下且 3mm 以内	矫正
	局部变形、伤痕	目测	全数	在安装中不产生障碍	矫正或使用代替产品
	涂膜厚度测量	目测	全数	没有气泡和剥落	补修
预埋螺栓	安装后的锚固长度	膜厚	全数	与所定规格一致	补修
		测量	全数	与所定尺寸一致	确认与长螺栓套筒的锚固长度、调整或者更换

[1]）没有质量证明书时应有代用资料。

[2]）焊接部分的外观检测以及强度试验根据 JIS-B-1198 进行。

[3]）抽样检测数量与设计方或工程监理方协议后决定。建议使用试样。

[4]）连接板面的弯曲变形测量位置按照图 3.3.5 所示叠层橡胶支座板的外径进行。

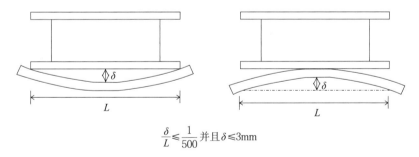

$$\frac{\delta}{L} \leqslant \frac{1}{500} \ 并且 \ \delta \leqslant 3mm$$

图 3.3.5　基础连接板的弯曲变形

3.4 隔震柔性连接的制作管理

> 施工方根据《设计图纸》对隔震柔性连接所要求的结构、尺寸、性能以及质量来发包订货，并为了充分满足其要求质量进行制作管理。
>
> 如设计图纸中没有记载时，应与设计方·工程监理方·制造方和水、电、煤气公司等进行协商后决定。

日本隔震结构协会编著的《隔震建筑物的建筑·设备标准》（以下称《隔震设备标准》）中，对制作管理和施工有详细阐述。制作管理应根据《隔震设备标准》执行。

施工方应理解设计方对隔震柔性连接所要求的性能，对隔震柔性连接进行制作管理和施工。当设计图纸中没有明确表示隔震柔性连接的结构、尺寸、性能和质量时，应与工程监理方索要其结构、尺寸、性能和质量的详细资料。

隔震柔性连接是隔震建筑物与非隔震部分进行连接的管道，必须能够安全吸收地震时所产生的相对位移。所以隔震柔性连接必须有以下性能。

① 位移吸收性能：有可吸收隔震建筑物的设计移动量位移的性能。

② 抗疲劳性能：可以承受反复循环的位移性能。

③ 形状复位性能：吸收位移变形后形状复位，有维持管道功能的性能。

根据以上所需性能和设置场所以及工作空间来选定隔震柔性连接形式，并有必要对能承受其反力的固定支承部分进行设计。

因为隔震柔性连接是消耗品，所以必须设定更换过程，确保更换时隔震柔性连接的进场路径，并确认对不能放水的管道必须设置阀门。

确认在考虑隔震柔性连接的安装位置、液体、工作空间后选择材质的形式。

关于隔震柔性连接的制作，有必要对以下项目进行确认。

> 1. 设计移动量的确认
> 2. 安装部位的确认
> 3. 材质·形式的确认（详细可参照《3.4.1 隔震柔性连接的材质》）
> 4. 移动空间的确认（详细可参照《3.4.2 隔震柔性连接的移动空间》）
> 5. 固定支架的确认（详细可参照《3.4.3 隔震柔性连接的固定支承部分》）

3.4.1 隔震柔性连接的材质

> 根据使用液体来选择隔震柔性连接的材质。如果是属于橡胶和金属制品都能对应的液体，则根据设置空间来选择其材质。

主要隔震柔性连接的种类和适用范围在表 3.4.1 中表示。如果是属于橡胶和金属制品都能对应的液体，则根据设置空间来选择其材质。

隔震柔性连接的形式由图 3.4.1 表示。

表 3.4.1　隔震柔性连接的适用范围

材质	适用液体	适用温度（℃）	最大使用压力（MPa）
橡胶制品	冷水、温水、冷却水、给水	70 以下	1.0
	排水		0.3
金属制品	冷水、温水、冷却水、给水、热水、蒸气、油、医疗用气体	150 以下	2.0
四氧乙烯树脂制品	热水、药液、纯水	100 以下	1.0

水平单管形式

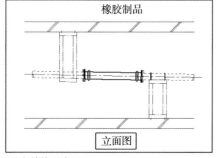

双管L形安装形式

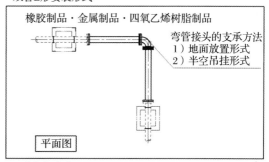

垂直单管形式

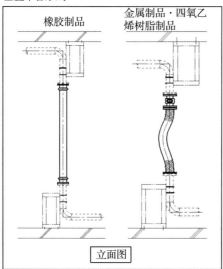

U形安装形式

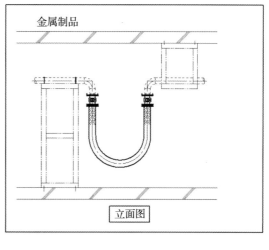

图 3.4.1　隔震柔性连接的形式例

3.4.2 隔震柔性连接的可动空间

为防止地震时隔震柔性连接与其他管道、设备机器以及构造物不发生碰撞，结合设计可移动量以确保充分的可动空间。并且，要注意在可动空间范围内不应搁置障碍物体。

发生地震时，隔震柔性连接会发生如图 3.4.2 所示的变形。斜线范围内不应搁置有可能妨碍隔震柔性连接体变形的障碍物。宜用油漆等标记出其可动空间的范围。

A ＝设计可移动量＋管道连接法兰外径 ×0.5 ＋ 100※

B ＝隔震柔性连接件长度＋连接弯管长度

C ＝设计可移动量

※ 包括有余量的安全系数

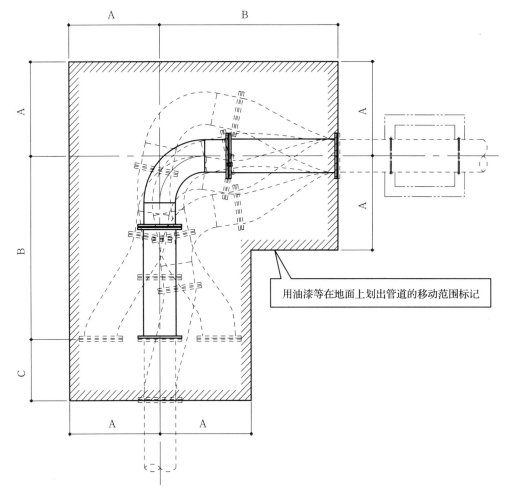

用油漆等在地面上划出管道的移动范围标记

图 3.4.2　工作空间

水平单管形式（排水用）　　　　　　　　垂直单管形式

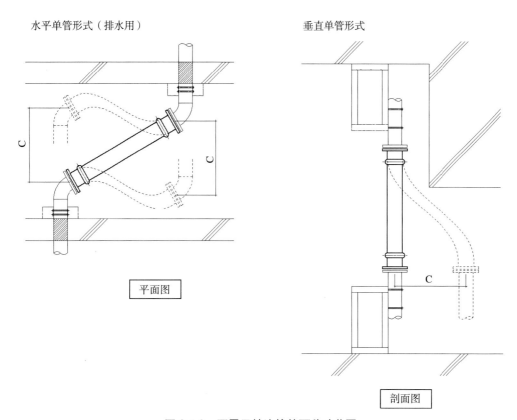

平面图

剖面图

图 3.4.3　隔震柔性连接的可移动范围

3.4.3 隔震柔性连接的固定支架部分

> 为了能保证最大限度发挥隔震柔性连接的变形追随和吸收性能，隔震体和非隔震体的管道固定支架有必要确保充分的强度。

为了最大程度地发挥隔震柔性连接体的性能，应在隔震体和非隔震体侧设置可以承受隔震柔性连接体反力的固定支架和固定管道。

固定支架如果不健全的话，隔震柔性连接体就不能发挥其性能，所以必须注意以下项目。

① 将固定用管道，用两个以上 U 形螺栓或用焊接与固定支架固定。
② 当与隔震柔性连接的固定管道距离固定点距离较大时，应确认管道的弯曲强度后选择合适的管道种类。
③ 应确认固定支架的钢材、锚固螺栓能够承受隔震柔性连接部的反力值。

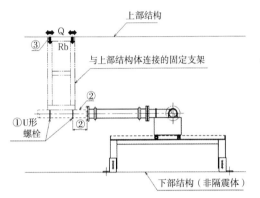

图 3.4.4　与隔震体部分固定

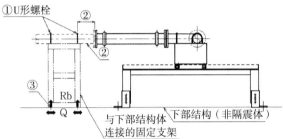

图 3.4.5　与非隔震体部分固定

3.4.4 成品检测

关于隔震柔性连接体，施工方应要求制造厂商提交成品的检测成绩表。根据设计要求确认所要求的设计规格。

成品检测的项目和判断标准由表 3.4.2 表示。

表 3.4.2　隔震柔性连接体的成品检测

检测项目		检测内容	检测数量	判断标准	处理方法
尺寸检查		成品尺寸：长度测量 法兰：外径·孔径·螺栓孔间距	全数	在检测标准范围内	重新制作
外观尺寸	橡胶柔性连接和钢材柔性连接	柔性连接管的伤痕·变形	全数	不允许存在实用上的有害变形和伤痕	重新制作
	钢材部分	法兰的变形	全数	变形量在标准值以下	重新制作
		表面处理	全数	不允许存在气泡和剥落等有害的伤痕	修补

3.4.5 性能确认试验

施工方应要求制造方提供隔震柔性连接件性能试验的报告书，确认其应有的性能。但如果同种产品已经做过同种试验时，其试验报告书（试验成绩单等）可以作为判断依据。没有试验报告的产品，应与管理方协商后决定。

性能确认试验的项目和制定判断标准参照表 3.4.3 内容。

表 3.4.3　隔震柔性连接件的性能确认试验

检测项目	检 测 规 格	判 断 标 准	处理方法
水平方向的变形性能	水平方向的变形：相当于设计可移动量 试验压力：成品规格压力 根据上述范围做 50 次反复循环的水平加力	外观上无异常情况	重新制作
试验后的抗压性能	试验压力：成品规格压力 ×1.5 倍以上 持续时间：5min 以上	不允许存在漏水等异常情况	重新制作

试验隔震柔性连接件应按下列图示在负担最大方向做 50 次反复循环的水平加力试验作为标准的水平变形。

确认位移速度取 50cm/s 以上时外观上不发生异常状况。

实例如图 3.4.10 所示，当水平位移 400mm 时，试验周期约为 3s。

$40cm \times 2 \times 2/50cm/s = 3.2s$

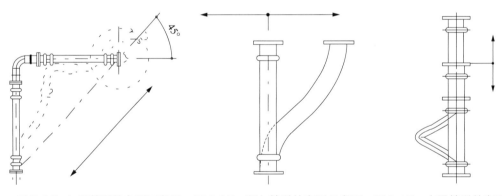

图 3.4.6　L 形管道的变形示意图　图 3.4.7　竖向管道的变形示意图　图 3.4.8　水平管道的变形示意图

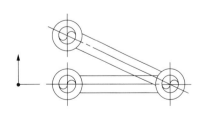
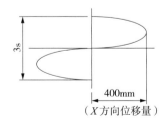

图 3.4.9　U 形管道的变形示意图　　图 3.4.10　位移周期曲线

3.5 隔震缝／沟的制作管理

> 隔震缝／沟的制作管理根据日本隔震结构协会编著的《隔震缝指针》执行。
>
> 施工方应根据《设计图纸》所示对隔震缝／沟的要求性能有充分理解并根据图纸要求进行发包。
>
> - 产品详图（或者规格成品的制造番号）
> - 各部位隔震缝的性能等级
> - 设计可移动量
> - 设计荷载
> - 容许假设的残留位移量
> - 维修方法

日本隔震结构协会编著的《隔震缝指针》（以下称《隔震 EXP.J 指针》）对其制作管理和施工内容有详细阐述。制作管理应根据《隔震 EXP.J 指针》进行。

施工方应充分理解设计方对隔震缝·沟所要求的性能，实施隔震缝的制作管理和施工。如果设计图纸中没有记载成品详图（或规格成品和规格番号）和性能要求（等级·设计可移动量·设计荷载·残留位移量等）时，应向工程监理方索要。当只有一般部位的成品详图而没有阴角和阳角等特殊部位的详图时，也应向工程监理方索要。

在制造管理过程中，当发现设计图纸中的产品详图不能满足其所要求的性能时，应向工程监理方要求重新提供能满足要求性能的产品详图。

发包时应注意，隔震缝·沟的使用位置不同产品差异较大。

同时要注意，当产品详图所示产品是没有业绩的新产品时，有必要确认其性能。并且，根据《设计图纸》所表示的性能等级其确认方法亦不同（确认方法在表 3.5.1 中表示）。当隔震 EXP.J 的性能要求为 A 等级·B 等级时，必须要做可移动试验。包括必要的可移动试验的准备工期，应考虑工程上合理的工期进行发包。

根据报道有隔震构件在安装连接部分和底材因强度不足而发生破坏的案例。所以应注意地震时，安装部分连接构件或底材应能承受隔震构件支承反力作用避免破损。

表 3.5.1　关于隔震 EXP.J 可动性等级的设定

等级	中小地震 位移量 50mm 左右	大地震 设计许可位移量	确 认 方 法	使用部位（参考）
A	功能健全	功能健全	通过振动试验台来确认其在可移动量范围里不发生损伤（当振动台可移动量范围较小时，允许通过补正试验进行矫正）	避难通道 有较多人和车辆通行的部分
B	功能健全	损伤状态 1	通过振动台试验来确认其在设计许可移动量范围内有轻微的损伤。 通过手动或在振动台上确认在设计可移动量范围内无损伤	只有人通行的部分
C	损伤状态 1	损伤状态 2	根据图纸对其可移动性进行确认	几乎没有人通行的部分

表 3.5.2　损伤状态的定义

区　　分	状　　态
功能健全	变形、倾斜、间隙等不存在功能上的障碍。地震后也能确保功能在无补修的情况下继续使用。允许表面的轻微划伤或密封条断裂等轻微损伤
损伤状态 1	不允许存在过大的变形、倾斜和间隙。地震后经过调整·补修后能继续使用。出现楼板高低差和墙面有略微突出但对通行不存在障碍
损伤状态 2	发生略微较大的损伤，但不存在丧失功能的损伤。在大规模补修或者更换部品后可继续使用。楼梯高低差和墙面有突出但没有脱落可继续通行
功能损伤	出现脱落和丧失功能的损伤。地震后出现使用障碍不能继续使用

3.5.1　隔震缝 / 沟的支承部分

> 为了隔震缝 / 沟的支承部分和支承构件不发生破损，施工方应确保其具有充分强度。

为确保隔震 EXP.J 发挥正常功能，应对主体的强度和刚性，安装部分的安装方法，面层装修部分的强度与厚度、荷载以及底材的强度和刚度，底材和隔震 EXP.J 主体的安装方法、底板与面层的连接方法等进行设计，让构成隔震 EXP.J 各部分构件保持平衡发挥作用。

关于底材必须进行设计，以确保其具有充分的强度和刚度。根据必要情况，底材所承受的荷载条件可要求制造方提供。

当面层装修材料使用石材等较重材料时，其受损伤的危险性很大。不得已必须采用时，应提高其材料强度和刚度，并事先通过振动台试验等对其安全性进行确认。

50

3.5.2　成品检测

> 关于隔震缝／沟，施工方应要求制造方提交成品检测的合格成绩表，以确认其是否满足所定的要求和规格。

成品检测项目应根据表3.5.3执行。

表3.5.3　隔震缝／沟的成品检测

检 测 项 目	检 测 内 容	检 测 数 量	判 断 标 准	处 理 方 法
外观检测	成品的目测	全数	不允许存在有害的缺陷	补修或重新制作
尺寸检测	成品尺寸	全数	都在规定标准范围之内	重新制作

3.5.3 性能确认试验

施工方应要求制造方提供隔震缝性能确认试验的成绩报告书，确认其是否满足所要求的性能。但如果同种产品已经做过试验时，其试验报告书（试验成绩表等）可以作为判断依据。必要时根据需要追加实施变形追随性能试验和振动台试验等。

性能确认试验的内容和判断标准应按表3.5.4执行。

由于在东北大地震中使用模拟图确认可动性能试验的隔震缝实际上都不可动，大多数受到了损伤。所以，使用模拟图对可动性能确认试验的确认方法被归类为C等级。在《隔震EXP.J指针》中，推荐使用性能确认试验为A等级（振动台试验）和B等级（加振台试验）方法。试验方法等可参照《隔震EXP.J指针》内容。

表 3.5.4　隔震缝的性能确认试验

	试 验 内 容	判 断 标 准	处理方法
振动台试验	将振动台作为隔震建筑物，振动台外周部分作为地基侧，在其中间设置隔震缝。按正弦波加振，并希望能按照地震时程波加振	在设计可移动范围内可满足追随性，A等级不允许发生丧失功能的损伤；B等级仅允许发生轻微的损伤。楼板隔震缝处不允许产生有危险的孔洞。并且，在墙隔震缝范围内不允许产生会夹人的间隙。不允许发生有害的残留变形	重新制作
加振台试验	手动或用电机进行加振	在设计可移动范围内不允许发生损伤。在楼板的隔震缝范围内不允许存在危险的开口。另外，在墙的隔震缝范围内不允许存在可能夹人的间隙。不允许发生有害的残留变形	重新制作
模拟图	根据假定在任意水平方向发生的最大相对位移时画出隔震缝构成构件的位置相关模拟图，确认其变形追随性	不能有构件间的相互干涉，以免对构成构件造成太大的负担。不允许发生危险的孔洞和突出部分	再研讨

4. 临时架构方案

4.1 临时架构（外部脚手架、吊车、施工用电梯、升降机、货物装卸平台等）方案

> 隔震建筑物与一般建筑物不同，在其施工过程中可能受到外力作用（地震·台风）时容易发生水平移动。（外部脚手架、吊车、施工用电梯／升降机、货物装卸平台等）临时架构方案要考虑上部结构可能会发生水平移动，以确保施工精度和安全性。

以前有一段时期，对于隔震建筑物的施工过程中曾采用刚强的水平约束构件来限制上部结构的水平移动。而现在，对施工期间发生地震时，也期待隔震构件发挥其功能，确保主体结构安全的观点出发。除特殊情况以外，通常不设水平约束构件进行施工。

一般情况下，与工程监理方或设计方在协商的基础上，只要确认了临时架构在施工期间可能遭遇地震等级时的水平移动没有问题时，通常没有必要设置水平移动约束构件。但是，在隔震装置顶上拼装钢结构时［4.2（2）］和使用滑移·滚动系列隔震装置的施工时，必须使用可以控制装置变形的夹具等保证上部主体结构的施工精度。

不使用水平约束构件的重要前提是：要保证在施工期间如发生上部结构与下部结构（地基）相对移动时，与完工后同样临时架构不会倒塌以及主体结构不受损伤。

（1）外部脚手架

外部脚手架最好设置在隔震层上部结构主体外挑板上或在主体结构上直接支撑的挑梁上。如果不这样，则要考虑脚手架不能追随上部结构的移动而发生部分损坏时也不影响整体脚手架的安全性。在脚手架根部不能有影响移动的障碍物。并从安全角度出发，有必要适当增加上部连接构件的数量。

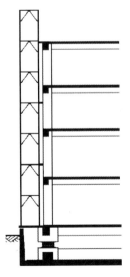

图 4.1.1　外部脚手架实例
（在上部结构挑板上设置）

照片 4.1.1　在上部结构柱上悬挑三角支架上设置

（2）起重机（吊车）

　　隔震建筑物在施工中受到地震和风荷载作用，会产生比一般建筑物更大的水平移动。起重机如与下部结构或地基固定或自立式吊车或使用移动式吊车则可不受水平移动的影响。但最近，随着隔震建筑物的超高层化和建筑物的形状以及拟建场地的条件，在上部结构上设置内爬升式塔吊起重机或在上部结构主体上直接设置安装多道固定锚固装置才能工作的内爬式塔吊起重机逐渐增多。内爬升式塔吊起重机的场合，根据塔吊起吊时的状况，通常要注意较容易发生较大的晃动之外，有必要验证塔吊起重机的固有周期（一般为2～3s），避免发生共振问题。在令人担忧的受长周期地震影响的今天，在施工中也必须引起比以往更多的注意。特别是内爬升式塔吊起重机，其塔身随上部结构一起往上移动，所以在上方应尽量多设置多道锚固装置。不管怎样，设计上的预测变形量以及锚固装置部分的补强等，应与设计方和工程监理方在充分协商的基础上，进而加入吊车厂家在综合协调下实施塔吊施工方案。

照片 4.1.2　设置在隔震层上部的塔吊起重机实例（内爬升式塔吊起重机）

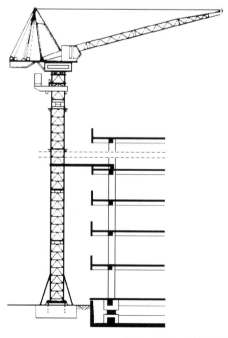 

照片 4.1.3　外部塔吊起重机（塔杆爬升式）

在施工方案中，对于在滑动·滚动支座位置上部设置塔吊起重机时，应避免由于局部的张拉力而引起滑移·滚动支座与下部结构间发生反复循环的受拉状况。此时，必须实施消除所受拉力的方案，在垂直方向设置约束构件（拉伸构件）并在水平方向减小约束力而采用钢棒或钢板来解决。

（3）施工用电梯、升降机

设置施工用电梯、升降机时，希望能与上部结构形成一体化，尽量避免与下部结构或地基接触和固定。当万不得已必须在下部结构或地基上直接设置时，必须考虑万一其根部结构与主体结构碰撞时电梯和升降机整体也不会倒塌而加强各层接合部的补强。也有在电梯基础部分的水平方向采用能滑动的实际案例。

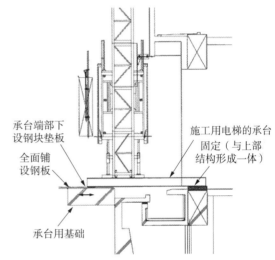

照片 4.1.4　施工用电梯的实例

（4）进入建筑物内的货物装卸平台部分

施工中进出入隔震建筑物的工程车辆用的货物装卸平台和施工人员通道等，通常由工作平台或在隔震沟上的临时楼板或过桥组成。一般建筑物的装卸平台都与外周地面固定。而隔震建筑物的装卸货平台，则应采取脱离（移动）措施，以确保地震时具有能追随上部结构的水平移动性能。

（5）周围环境

在隔震建筑物的水平移动范围内，不应设置有临时建筑物、临时给水排水·电气设备、临时材料堆场和停车场。因为施工现场的状况每天都在变化，所以在日常施工中都要引起注意。在施工中常见的周围障碍物有工程车辆、材料集装箱、工程用招牌、临时扶手、残留混凝土和外围未开挖的土建基础工程等。也要考虑发生轻微障碍物与隔震建筑物主体碰撞后造成损坏的意外情况。但原则上在日常施工中要注意撤除在隔震建筑物移动范围（外周50cm前后的范围）内的障碍物。

4.2 水平约束构件

> 在隔震建筑物的施工过程中，当隔震层和隔震构件的水平移动对上部结构主体的施工有障碍时，可以临时设置一些适当的水平约束构件。

（1）水平约束构件的考虑方法

设置水平约束构件的主要目的是固定施工中的隔震构件。如在施工期间可能发生规模较大的地震时，为了确保隔震装置主体及上部结构的基础不受损伤，约束构件的强度应设定在一定强度范围之内。当强度超过此范围时，约束构件受破坏后自动解除约束作用。当隔震层的功能达到可以发挥作用的施工阶段，通常为隔震层上层的主体结构达到设计强度时，与工程监理方协商确定后才可以撤除约束构件。

当小规模建筑物等在施工中把隔震层的水平移动作为整个建筑物约束构件固定时，就不能发挥建筑物的隔震功能。此时，上部结构所承受的地震力，可能比设计地震力（隔震层的水平层剪力）要大，结构主体有受损伤的危险性。所以，水平约束构件的强度承受极限应该保持在隔震层的层剪切力荷载范围内。当强度达到极限时，约束功能会自动解除（脱落、破坏、滑动等），以确保上部结构作为隔震建筑物进入时程反应，避免主体各部位受损伤。

水平约束构件不应采用大型构件化，有必要采用较容易撤除和主体结构较容易修复的工法。

（2）隔震支座上方的钢结构安装时的约束

当隔震建筑物的结构形式是钢结构·钢骨钢筋混凝土结构时，在隔震支座上方安装钢结构时产生钢柱的偏心，位置调整等会引起隔震支座法兰部分产生扭曲和弯曲或水平移动，有必要采取措施，防止在施工过程中发生过大的残留变形，进而导致降低隔震支座的隔震功能。

尤其是角柱和边柱，必须特别注意隔震支座较容易产生施工附加轴力荷载。一般采用照片4.2.2所示方法，通过在隔震支座的上下法兰连接板处设置固定钢结构用的水平约束构件方法来解决。

通常，钢结构柱脚底板与隔震支座上部连接板固定连接。为了避免现场焊接会对隔震支座橡胶部分产生不良影响，在工厂制作时预先将钢柱脚螺栓与隔震支座上部连接板焊接固定，在现场仅作螺栓拼装作业。

在隔震支座上方安装钢结构的场合，采用何种节点可以吸收钢柱施工误差以及隔震构件与施工管理标准值如何取值等，有必要在施工技术方案编制阶段与工程监理方和钢结构制造方研讨后进行综合协调。

随着上部结构的施工进展，结构自重会逐渐加大，叠层橡胶支座在竖向会发生变形，导致其水平约束构件和隔震层内的支撑构件产生压力，进而引起拆卸困难现象。因此，当隔震支座上方的楼板或楼板架构施工完成后，应宜立即撤除。

照片4.2.1 隔震支座上方安装钢结构

照片 4.2.2　隔震支座上方有安装钢结构时设置水平约束构件实例

（3）滑移·滚动系列隔震支座的约束

　　为了保持滑移·滚动系列隔震支座在施工时的形状·位置，产品在出厂时应按照片 4.2.3 所示，设置临时包装固定构件。此种包装固定构件仅仅是为了防止在搬运和安装过程中产生变形的目的而设置的，并不适用上方有钢结构安装时可能引起隔震支座的变形问题。

　　滑移·滚动隔震支座由于其形状关系，要实施刚强的水平约束的施工方案较困难，在此推荐钢结构在临时支撑架台上进行拼装的方法。拼装时，钢结构质量不直接由隔震支座负担，待钢结构全部拼装完毕后再拆除支撑架台后，荷载转移至由隔震支座负担。图 4.2.1 是弹性滑移隔震支座的水平约束实例。照片 4.2.4 是临时支撑架台上钢结构拼装的实例。

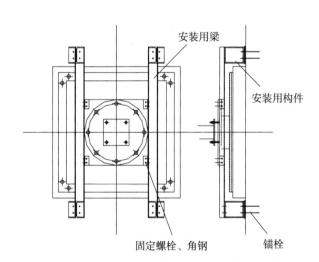

图 4.2.1　弹性滑移隔震支座的水平约束实例

照片 4.2.3　滑轨滚动支座的临时固定实例

照片 4.2.4　临时支撑架台上钢结构拼装实例

5. 隔震层的施工

5.1 进场验收

5.1.1 隔震支座和阻尼器的进场验收

> 施工方应根据《设计图纸》所记载内容和由工程监理方认可的质量要求，对隔震支座和阻尼器实施进场验收，确认其应具有的质量。

　　隔震支座和阻尼器应根据事先编制好的制造要领书内容进行制造。在产品制造管理阶段结束前，应完成对全部产品尺寸（实测）以及隔震性能关联各项项目的检测。现场的进场验收，仅是对产品的种类和数量的确认，并检测其在搬运过程中有无发生损伤部分。

　　对搬运过程中发生损伤状况的抽样检测数量为每天进场批数产品中任意抽取 1 件以上。其他产品仅对其养护状态的确认即可。叠层橡胶支座和阻尼器的抽样检测项目和处理方法，按表 5.1.1～表 5.1.5 所表示内容实施。

照片 5.1.1　隔震装置（叠层橡胶·滑轨滚动支座）和阻尼器的现场进场验收

表 5.1.1　叠层橡胶支座的进场验收项目

验收对象	验收项目	验收方法	判断标准	处理方法
标识	制造厂商名、构件种类、制造番号等	对照	是否与进场预定表（方案书）一致	向厂商确认，要求发送需要的产品
养护	养护状态	目测触摸	叠层橡胶部分外侧的包装养护材料无剥落和缺损	确认橡胶表面后，重新进行包装
叠层橡胶部分	伤痕·裂纹·缺损·变形	目测触摸	不允许存在有害的伤痕和变形	修补或者调换新的产品
法兰翼缘部分	翼缘板的局部变形、撞击痕迹、弯曲	目测触摸测量	不允许存在安装时可能会发生障碍的变形	修补、再加工或者调换新产品
	涂装面的伤痕、生锈	目测	通过目测确认未发现伤痕	修补

表 5.1.2　弹性滑移支座的进场验收项目

验收对象		验收项目	验收方法	判断标准	处理方法
标识		制造厂商名、构件种类、制造番号等	对照	是否与进场预定表（方案书）一致	向厂商确认，要求发送需要的产品
养护·临时固定	叠层橡胶部分	养护·临时固定的状态	目测触摸	叠层橡胶部分外侧的包装养护材料无剥落和缺损	确认橡胶表面后，重新进行包装
	滑移板			滑移面板全部用保护膜全面固定 滑移面不允许外露 临时固定构件不允许松动	
叠层橡胶部分		伤痕·裂纹·缺损·变形	目测触摸	不允许存在有害的伤痕和变形	修补或者调换新的产品
法兰翼缘板部分·滑移板		翼缘板的局部变形、撞击痕迹、弯曲	目测触摸测量	不允许存在安装时可能会发生障碍的变形	修补或者调换新的产品
		涂装面的伤痕、生锈	目测	通过目测确认后未发现伤痕	修补
		滑移面的伤痕	目测	养护材上不存在有害的伤痕	剥开部分保护膜对滑移面进行确认 当发现存在对性能有影响的伤痕时，应进行修补·再加工或者调换新产品

表5.1.3 球面滑移支座的进场验收项目

验收对象	验收项目	验收方法	判断标准	处理方法
标识	制造厂商名、构件种类、制造番号等	对照	是否与进场预定表（方案书）一致	向厂商确认，要求发送需要的产品
养护·临时固定	养护·临时固定的状态	目测触摸	上下球面间滑板空隙面的保护膜未发生破损 临时固定构件未发生松动	向厂商确认 养护的施工
主体部分	伤痕·剥落和污垢	目测	目测确认未发现伤痕和污垢	修补
滑移面	伤痕·变形·倾斜	目测	目测确认未发现伤痕和变形	修补

表5.1.4 滑轨滚动支座的进场验收项目

验收对象	验收项目	验收方法	判断标准	处理方法
标识	制造厂商名、构件种类、制造番号等	对照	是否与进场预定表（方案书）一致	向厂商确认，要求发送需要的产品
轨道部分·滑块部分	伤痕、生锈	目测	不允许存在有害的伤痕和变形以及生锈	补修或者调换新产品
轨道部分·滑块部分	养护	目测	上下轨道面的保护膜未破损 下轨道的养护罩未发生有害的变形	养护的再施工
法兰翼缘部分	底板的局部变形、碰撞痕迹、弯曲	目测触摸测量	不允许存在安装时可能会发生障碍的变形	修补·再加工或者调换新产品
法兰翼缘部分	涂装面的伤痕、生锈	目测	通过目测确认未发现伤痕	修补
法兰翼缘部分	临时固定	目测	未发现松动和错位	调整·再施工
法兰翼缘部分	附属品（盖子等）	目测	必要的种类和数量是否齐全	向厂商确认，要求发送需要的产品

表5.1.5 阻尼器的进场验收项目

验收对象	验收项目	验收方法	判断标准	处理方法
标识	制造厂商名、构件种类、制造番号等	对照	是否与进场预定表（方案书）一致	向厂商确认，要求发送需要的产品
养护	养护的状态	目测触摸	养护构件未发生剥落和破损临时固定构件没有松动	主体结构表面经确认后重新包装
主体部分	伤痕·剥落和污垢	目测	通过目测确认未发现伤痕和污垢	修补或者调换新产品
法兰翼缘部分	底板的局部变形、撞击痕迹、弯曲	目测触摸测量	未发现安装时可能会发生障碍的变形	修补、再加工或者调换新产品
	涂装面的伤痕、生锈	目测	通过目测确认未发现伤痕	修补

※ 由于阻尼器的种类不同，其形状和验收项目也不同。所以，除本表以外，应根据具体的阻尼器制作要领书进行确认。

5.1.2　基础连接板的进场验收

施工方应根据《设计图纸》的记载内容，或者经工程监理方认可的质量条件，对基础上下连接板是否满足质量，实施进场验收。

基础上下连接板，是根据通常的钢结构构件的加工工艺制成的。产品在出厂发货之前，应实施对产品的尺寸、制作精度为中心的成品检查。产品在搬入现场时的进场验收，仅是对产品的种类以及数量实施确认和外观检查。（→参照3.3）

进场验收的外观检查实施抽样检查（数量为1个以上／当天进场批数），主要是确认其在搬运时有无损伤。

（1）实施成品检测

成品检测应根据通常的钢结构的成品检测标准进行。成品的尺寸、制作精度（螺栓孔位置、弯曲变形）等尤为重要。

（2）搬入现场时的进场验收

搬入现场时（交货）进行验收，应确认成品是否已实施（出厂）成品检测。并对制造厂商名、构件种类、制造番号等进行确认，同时实施对产品在运输中有无产生碰撞痕迹、损伤、涂装表面的剥落等外观检测。

表5.1.6　基础上下板的进场验收项目

验收对象	验收项目	验收方法	判断标准	处理方法
标识	制造厂商名、构件种类、制造番号等	对照	是否与进场预定表（方案书）一致	向厂方确认，要求发送需要的产品
主体部分	涂装面的伤痕、生锈	目测	通过目测确认有无伤痕	修补
	局部的变形、碰撞痕迹、弯曲	目测触摸测量	未发现安装时可能会发生障碍的变形	修补·再加工或者调换新产品
	螺栓孔的状态	目测	是否做了适当的养护	实施重新养护

5.2　基础隔震建筑物的施工

5.2.1　基础隔震建筑物的施工顺序

> 施工方应编制隔震工程施工技术方案内容，根据合适的施工顺序，实施隔震构件及关联部位的施工。

　　隔震建筑物的施工与一般建筑物的最大差异点就是要多建一层隔震层。在地下或者一层楼板下部设置隔震层时，建筑工程开工不久后，隔震分项工程的施工就立刻要开始，所以隔震分项工程的施工技术方案从建筑工程的准备阶段就有必要进行充分的研讨。

　　隔震构件的基础是隔震建筑物中与隔震构件的最重要的接合部分。万一发生施工不良时，地震时隔震建筑物就有可能发挥不了隔震性能。为了确保隔震构件能确实将轴力·剪力传递给基础结构，应充分考虑混凝土的二次浇筑处理以及基础连接板周边的密实性。基础连接板与基础的固定方法有各式各样的规格和做法。关于钢筋的详细配置方法、锚固、钢筋接头规格和保护层厚度等，必须作为重点确保其施工质量。下部基础连接板的设置精度会对以后设置的隔震构件设置精度以及主体结构的精度产生很大影响。当隔震构件上方有钢结构拼装时，根据其详细设置方法不同有时施工精度很难确保，应很好地理解设计方的意图后，在充分协商的基础上开始施工。

　　隔震构件基础上方承台墩部（以下称《承台墩》）的施工，应先设置锚栓支架，然后在锚栓支架的上部设置隔震支座的下部基础连接板并固定后，实施浇筑混凝土主体的施工。也有将带有位置调整功能的基础连接板临时固定在基础主体上部后，对承台墩的混凝土进行二次浇筑的施工方法。

　　隔震层的标准施工流程如图 5.2.1 所示。

5. 隔震层的施工

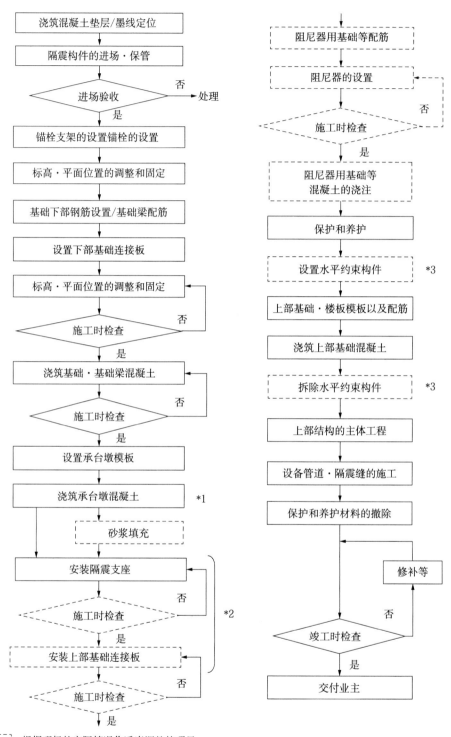

[____]: 根据现场的实际情况作适当调整的项目

*1 当不采用二次砂浆浇筑时应采用流动性较大的混凝土以确保所需的密实度。

*2 此二子项工程,预先相互预埋螺栓、较多情况为同时进行。

*3 设置水平约束构件的目的不是约束隔震层整体而是在施工期间的临时固定为目的。

　　当上方有钢结构时,只要发生很小的力就可能会引起滑移·滚动系统隔震支座的移动,此时应设置适当的固定支架。

图 5.2.1　隔震层的标准施工流程

5.2.2 施工顺序和注意点

隔震构件的设置应根据施工技术方案内容，按能确保所要求精度和质量的顺序施工。

隔震构件与结构主体的接合部分，即隔震构件的设置工程应确保以下重点：① 设置精度；② 接合部分的强度。并在与周边构件的施工中，对上下基础连接板的锚栓排列细节上，事先确认与桩·基础梁·柱等钢筋不发生干涉等，应注意点非常多。

以下为叠层橡胶支座的标准施工顺序和应注意点。

基础连接板下部的施工，按混凝土填充工法与砂浆填充工法表示。

《施工顺序》以及《注意点》项的 ⌐⌐⌐⌐ 部分，表示为可根据工程具体内容宜采取适当措施的对应部分。

《施工顺序》

《应注意点》

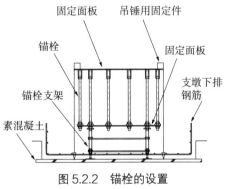

图 5.2.2 锚栓的设置

- 锚栓支架与下部混凝土牢牢固定。
- 较长锚栓的位置固定比较困难，可使用相应的固定板进行固定。

照片 5.2.1 锚栓的设置状况

- 在垫层混凝土上用墨线弹出下部基础连接板和锚栓的位置。
- 锚栓的位置做出标记后，就比较容易避免发生碰撞。
- 为防止浇筑混凝土时不发生移动牢牢固定。

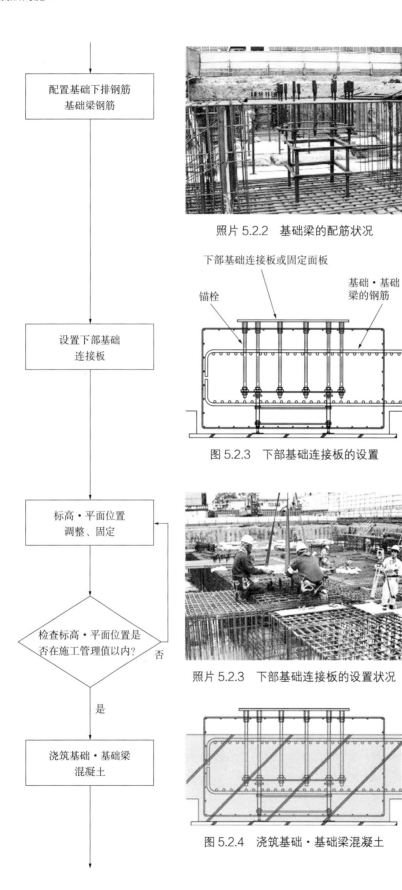

配置基础下排钢筋
基础梁钢筋

照片 5.2.2　基础梁的配筋状况

- 配筋时要注意不能与锚栓支架和锚栓碰撞。

下部基础连接板或固定面板

锚栓

基础·基础梁的钢筋

设置下部基础
连接板

图 5.2.3　下部基础连接板的设置

标高·平面位置
调整、固定

检查标高·平面位置是
否在施工管理值以内？　否

照片 5.2.3　下部基础连接板的设置状况

是

浇筑基础·基础梁
混凝土

图 5.2.4　浇筑基础·基础梁混凝土

- 浇筑混凝土时，必须十分注意锚栓支架不能有松动。
- 浇筑混凝土时应对下部基础连接板的上端面进行养护。

组装基础上部
支墩的模板

照片 5.2.4　设置模板的状况

• 浇筑支墩混凝土
• 浇筑支墩混凝土时通常采用大流动性混凝土。为了在基础连接板下部不产生空隙，施工上应确保其密实度。在假定的条件下实施密实性能确认试验［参照 5.4.（5）］，在掌握了实际的施工可行性方法后才开始正式施工。

浇筑支墩混凝土
（基础连接板下面）

照片 5.2.5　浇筑混凝土状况

对浇筑后的支墩
混凝土状况进行确认

• 应确认在浇筑混凝土后，基础连接板是否发生移动和倾斜。当混凝土浇筑后精度有特别要求时，检查其误差值是否在管理值以内。
• 下部基础连接板的设置精度因关系和影响到上部主体结构的精度，其位置、高度、倾斜的确认尤为重要。特别是在隔震装置上方安装钢结构时需要细心的注意。

照片 5.2.6　混凝土浇筑后的确认状况

确认标高·平面位置的
误差都在管理值以内

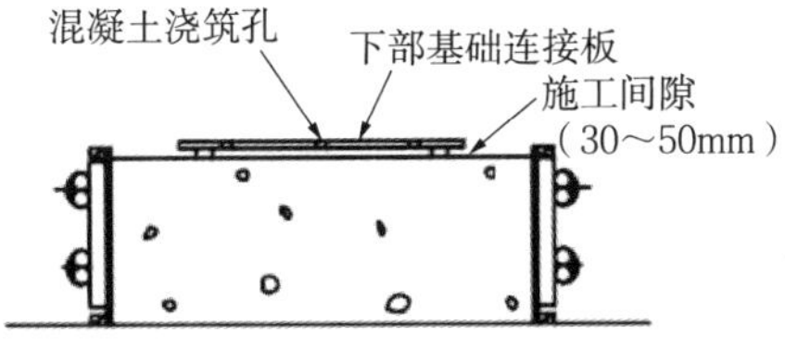

混凝土浇筑孔　下部基础连接板
施工间隙
（30～50mm）

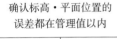

图 5.2.5　浇筑支墩基础混凝土
（采用砂浆填充施工法）

• 采用砂浆填充施工法时，在支墩与基础连接板之间留出30～50mm 间隙后用无收缩的膨胀砂浆进行二次浇筑。
• 当弹性滑动支座的连接板与滑移板为一体时，原则上应采用二次砂浆填充施工法。
• 应事先对浇筑砂浆用软管、抽气管以及砂浆浇筑顺序进行充分的研讨。

浇筑基础连接板
下部的砂浆

照片 5.2.7　砂浆二次浇筑状况

清扫下部基础连接板
设置隔震支座

施工时检测 — 否

是

锚栓紧固

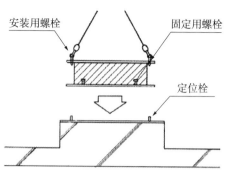

图 5.2.6　安装隔震支座

安装用螺栓　　　固定用螺栓

定位栓

- 应清除基础连接板面上的混凝土斑迹·生锈和其他垃圾等。
- 基础连接板中央的浇筑孔的混凝土面如比连接板面低时，应采取措施补修至板面标高一致。
- 对板面有剥落和污垢部分用涂料等进行补修。

照片 5.2.8　隔震支座安装状况

- 利用支座法兰板对角上的安装起吊孔，用葫芦吊缆绳起吊，安稳地进行吊装。
- 也有利用定位栓来进行设置隔震支座的。
- 先确认螺栓已完全进入栓孔后，再将隔震支座设置在基础连接板上。

照片 5.2.9　紧固锚栓的状况

- 保持隔震支座锚栓与孔位的均等距离。
- 紧固锚栓时如设计图纸未对紧固力矩有明确条件时，应与工程监理方协商后决定。

照片 5.2.10　已紧固锚栓的定位标记状况

- 螺栓按照对角顺序进行紧固。紧固前在螺帽上做好定位标记，以便紧固后能确认和管理。
- 螺栓的紧固顺序可参照 5.2.3 章内容。

上部基础连接板的
设置

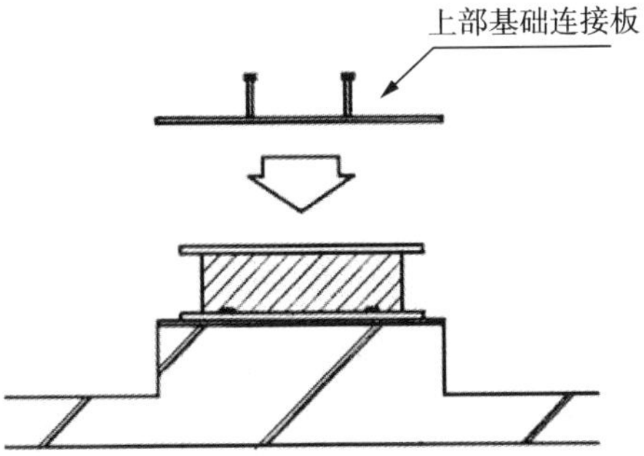

图 5.2.7　上部基础连接板的设置

• 有时也采用在上部基础连接板上预留安装用螺栓，以便于隔震支座的安装施工。

上部锚栓的
设置

照片 5.2.11　上部基础连接板的设置状况

• 一部分的锚栓先初拧紧固后，拆除临时设置的水平约束构件后，再对全数锚栓进行终拧紧固。

照片 5.2.12　上部锚栓的设置和养护状况
（叠层橡胶隔震支座）

隔震支座的养护

照片 5.2.13　上部锚栓的设置和养护状况
（弹性滑移支座）

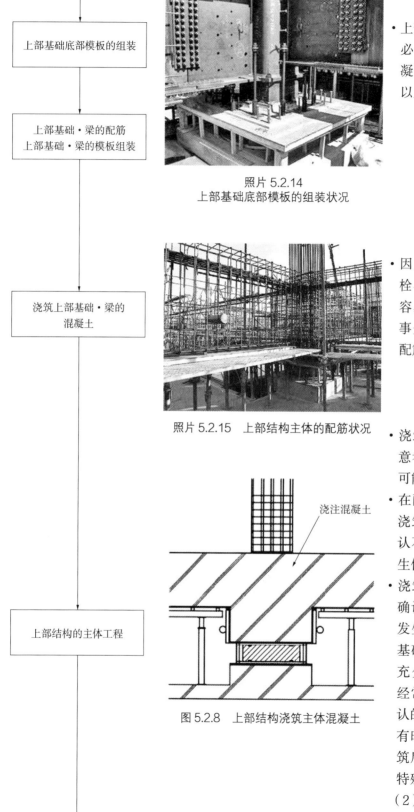

上部基础底部模板的组装

上部基础·梁的配筋
上部基础·梁的模板组装

浇筑上部基础·梁的
混凝土

上部结构的主体工程

照片5.2.14
上部基础底部模板的组装状况

照片5.2.15　上部结构主体的配筋状况

浇注混凝土

图5.2.8　上部结构浇筑主体混凝土

• 上部结构主体施工前，必须确认上支墩的混凝土已达到设计强度以上方可进入施工。

• 因为基础连接板的锚栓与钢筋位置较复杂容易相互干涉。所以事先要充分研讨决定配筋要领细节。

• 浇筑混凝土时，要注意考虑工区划分时尽可能不发生偏心荷载。

• 在配筋、模板组装和浇筑混凝土时，应确认不能对隔震构件产生伤痕和损坏。

• 浇筑混凝土时，必须确认基础连接板不能发生移动。通常，在基础连接板的固定有充分的保证前提下，经常有浇筑后不再确认的做法。但要注意，有时也会有混凝土浇筑后需再测试精度的特殊要求［参照5.6.1（2）］。

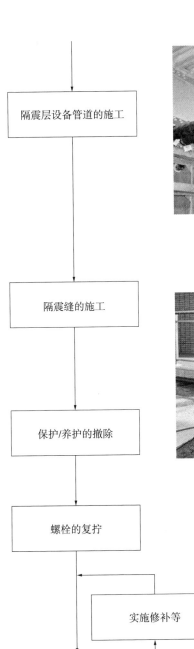

隔震层设备管道的施工

隔震缝的施工

保护/养护的撤除

螺栓的复拧

实施修补等

施工时检查 — 否

是

完成・交付验收

照片 5.2.16　设备管道连接
（隔震柔性连接）的施工状况

- 隔震层内的设备管道和配线的施工，必须充分注意确保有效的空间和长度。设备工程如果是单独分包时，其与建筑工程之间的协调尤为重要。
- 设备管道连接（隔震柔性连接）的施工可参照 6.1 章内容。

照片 5.2.17　隔震缝的施工状况

- 关于隔震缝的施工，应事先对安装部分的设计有效空间和可移动部分进行确认。根据发生移动时没有障碍的原则来决定各部位细节做法。
- 隔震缝的施工可参照 6.2 章内容。

照片 5.2.18　竣工检查时的状况

- 竣工检查是确认隔震建筑物的功能是否充分确保。此阶段如发现有重大缺陷时，可能会发生在建筑物交付期间完成不了补修的可能性。所以，希望应在早期阶段实施中间检查。

5.2.3 隔震构件的安装螺栓

（1）隔震构件安装螺栓的推荐力矩值

隔震构件安装螺栓的推荐力矩值由表 5.2.1 表示。

表 5.2.1　隔震构件安装螺栓的推荐力矩值

标识直径	M16	M20	M22	M24	M27	M30	M33	M36	M39	M42
推荐力矩值（N·m）	100	120	160	200	300	400	500	600	800	1000

※ 对于油压阻尼器的锚栓，应与工程监理方协调后决定。

（2）隔震构件安装螺栓的紧固顺序

现在，一般采用的方法有对角紧固方法。但采用此方法时有以下问题：

· 随着螺栓个数的增加，紧固顺序会变得复杂。

· 因为紧固一对螺栓必须向对角螺栓处移动，紧固作业需要相当的时间。

· 虽然根据经验经常采用此方法，但也不能说此方法一定合理。

所以，推荐以下一个方向紧固顺序的方法。

① 对全部的螺栓进行手动紧固。

② 按顺时针或逆时针方向顺序，对全部螺栓用手动或力矩扳手按最小扭矩（即手握力矩扳手位置为最短位置）进行初拧。

③ 对 4 个对角螺栓或 8 个对角螺栓按推荐力矩实施初拧，再按顺时针或逆时针的顺序按推荐力矩实施终拧。

安装螺栓为 16 个时，当按一个方向紧固的顺序按图 5.2.9 所示方法进行推荐力矩紧固时，一般多采用预先可以设置扭矩数值的力矩扳手。此时应注意以下几点。

· 一定要使用经过校正过的力矩扳手。

· 力矩扳手的握手位置，应按所定位置在直角方向加力。

· 因为过度加大力矩会有危险性，所以在加力达到设定的力矩时，发生机械音响后立即卸力。

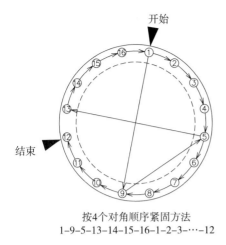

按4个对角顺序紧固方法
1–9–5–13–14–15–16–1–2–3–⋯–12

按8个对角顺序紧固方法
1–9–5–13–11–7–15–16–2–⋯–14

图 5.2.9　一个方向紧固顺序实例（安装螺栓为 16 根）

【注意事项】

・施工方应在竣工检测前（希望在主体工程完成时）再进行一次复拧。在确认达到所需要的力矩值后作定位标记。

・如果有防火面层的话，应在安装防火面层前完成螺栓的复拧。

5.3 隔震构件的保管和养护

在施工中，隔震构件及其相关位置应避免受到冲击，高温（明火·火灾）以及化学物质（药品·油等）的影响。在防止构件的破损和性能损失而进行充分养护的同时，应注意在隔震层以及其附近作业时的养护对策和安全施工。因为养护时间较长，不应采用简易的养护方法，应采取能承受一定程度冲击的养护方法。并且在拆除水平约束时，希望能采用暂时不需要拆除养护材料的养护方法。

（1）隔震支座

因为隔震支座的主要材料大多数为橡胶材料，所以在隔震层以及周围附近施工时，原则上不能采用有明火的施工方法。不得已必须采用焊接等作业时，应用防火罩等进行明火隔离。对于支座主体构件，应采用能承受一定冲击而不发生伤痕的材料进行养护。

滑移隔震支座系列，特别要注意滑板要保持光滑不能有伤痕。滑板在安装设置后应立即进行实质的养护。

滚动隔震支座系列因为使用金属轴承，应努力确保滚动面不能有污垢和伤痕以免影响其隔震功能。应避免长期搁置在露天下的情况而采取防雨措施，充分注意其保管和养护。

照片 5.3.1　叠层橡胶隔震支座的养护实例

照片 5.3.2　滑移板的养护实例

照片 5.3.3　滚动系列隔震支座的养护实例

（2）阻尼器

　　因为以铅制阻尼器为代表的阻尼器具有柔软和较容易变形的特性，所以应该采用稍有碰撞也不至于产生伤痕的柔性材料来养护。设备施工过程中，建筑材料搬入隔震层内时，也应十分注意避免与阻尼器的接触和碰撞。

照片 5.3.4　钢棒阻尼器的养护实例

照片 5.3.5　铅制阻尼器的养护实例

照片 5.3.6　U 形阻尼器的养护实例

5.4　基础连接板下部的填充施工方法

> 隔震支座的基础连接板下部必须密实地填充混凝土或者砂浆才能达到所要求的强度。施工方法的可行性，可通过混凝土的密实性能确认试验进行确认。

要保证上部结构的轴力和剪力能确切传递给基础，就必须要确保隔震支座的基础连接板下部的混凝土或者砂浆密实填充。基础连接板下部密集设置有长螺栓套筒、锚钉、锚栓以及基础钢筋等。经常发生因填充混凝土和砂浆的流动不良而引发空隙问题。

所以，施工方应事先对填充材料、填充方法和基础连接板的形状等进行研讨，有必要制定能确保密实度的施工方案。以下（1）•（2）表示为标准的填充施工方法。

（1）混凝土填充施工

在基础连接板的中央设置浇筑孔，从浇筑孔向下浇筑混凝土的施工方法。沿着浇筑孔，混凝土从中央沿着连接板的外侧方向形成均等的混凝土流，同时将连接板下的空气挤压出去。上述施工方法与砂浆填充法一样，要研讨排气孔（兼填充确认孔）的设置位置。混凝土的浇筑方法，通常有使用料斗与浇筑孔连接进行混凝土浇筑的重力式填充施工方法和直接使用混凝土泵送压管与浇筑孔连接进行混凝土浇筑的加压式填充施工方法。

填充混凝土通常使用大流动混凝土。大流动性混凝土不使用插入式振动器进行浇筑，而是通过混凝土的自密实特性在提高混凝土流动性的同时减少空气量的卷入。当基础内的混凝土浇筑高度超过500mm时，由于混凝土的质量较大，很容易引发泌水现象。所以建议大流动性混凝土的浇筑高度宜控制在500mm以内。

混凝土浇筑完后，在混凝土浇筑孔和基础连接板的外周应留有充分的混凝土溢出余量以防止混凝土的沉降引发空隙。混凝土的配合比，应按发生最小泌水量时的配合比实施。混凝土的浇筑孔与排水孔的表面应保持与基础连接板面具有同样的标高精度，不能有凹凸现象。

大流动性混凝土的强度通常为50~60N/mm²。高强度混凝土的制造厂商必须取得《指定建筑材料（由国土交通部大臣认定）》资质。因为要根据取得的认定资质决定配合比。施工方对采用大流动性混凝土方案事先应与制造厂商通过协商，从制造厂商取得的认定资质的附属配方中选择能满足密实度的配合比，并通过试验搅拌和试验施工方法确认其应有的性质及状态。

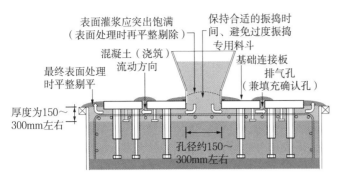

图 5.4.1　混凝土填充施工方法的概要　　　　照片 5.4.1　混凝土填充施工方法

（2）砂浆填充施工方法

基础或支墩混凝土的一次浇筑面应保持在基础连接板下约 30～50mm。此空隙再用无收缩砂浆进行二次浇筑填实。上述施工方法通常有从空隙一侧压入的施工方法和从基础连接板中央的浇筑孔向外侧浇筑的施工方法。

当一次浇筑面的混凝土有凹凸时，将会诱发填密障碍而产生空隙。所以一次浇筑混凝土面一定要保持平整和光滑，有必要对间隙的一定高度实施严格的管理。由于混凝土表面的浮浆处理，将在基础连接板的下部狭窄空间中实施，施工势必会很困难。所以，对浮浆的处理方法有必要事先进行充分的研讨。

直径较大隔震支座的部位，因为基础连接板的外径往往超过 2m，所以有必要对压送填充孔和排气孔（兼填充确认孔）的设置位置进行充分的研讨后决定。要注意砂浆层太薄时，一次浇筑混凝土面浮浆的处理和清扫就很困难，容易引起密实度的降低、可能造成空隙的发生。

当砂浆材料的规格在设计图纸中没有明确记载时，材料·强度等应与工程监理方协商后决定。当基础连接板厚度在 16mm 以下较薄时，要注意浇筑砂浆时的压力可能会引起底板中央向上起拱的变形。

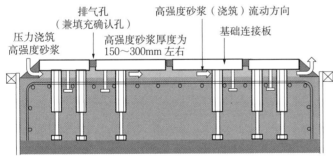

图 5.4.2　砂浆填充施工方法的概要　　　　照片 5.4.2　砂浆填充施工方法

（3）基础连接板下部填充方案的流程

　　基础连接板下部的填充施工方案流程由图5.4.3所示。

　　当采用大流动性混凝土时，有必要满足以下条件。此时可考虑以下事项选择填充施工方法。

【混凝土填充施工方法】

·能确保在规定时间和距离内可提供大流动性混凝土的搅拌站。

　因为JIS规格品或大流动性混凝土都是由大臣认定的产品。在满足规定的基础上，考虑坍落度直径损失、制定能在规定搬运时间内完成浇筑的施工方案。

·搅拌站应有满足要求性能的混凝土工程的业绩。

·搅拌站应有能管理大流动混凝土的技术人员岗位，或者能得到能管理大流动性混凝土的技术人员的支援。

【砂浆填充施工方法】

·使用的砂浆材料强度与混凝土相比，具有同等以上的强度。

·砂浆的收缩量在设计容许范围内。

·为确保密实度，应使其具有充分的流动性。

图5.4.3　填充施工方法的方案流程

（4）大流动性混凝土的管理

大流动性混凝土是使用 AE 减水剂，在不增大单位水量和不降低黏性的同时提高流动性的混凝土。商品混凝土的流动性是通过坍落度扩展值的损失管理和骨料离析抵抗性的控制来对混凝土的扩散状态进行评估的。应该确认在中央部分，是否存在残留粗骨料，周边部分是否存在游离素浆的偏在。通常使用坍落度扩展值在 60cm 左右的商品混凝土。

大流动性混凝土由于单位水量的变化很容易引起商品混凝土的性质变化，所以有必要严格管理细骨料的表面水分。通过搅拌试验，掌握随时间与温度变化时坍落度的损失量，并把此性质反映在混凝土浇筑方案中。

作为对大流动性混凝土要求性能的一个实例，用以下指标表示。

·水灰比	40% 以下（推荐为 35% 以下）
	是为了防止骨料离析·裂纹的发生和抑制泌水发生的规定
·坍落度扩展值	60cm±5cm（推荐 60cm±2cm）
	是为了确保填充性的规定
·50cm 高度坍落度筒的提升速度	3～8s
	是为了确保填充性和防止离析，确保抵抗性的规定
·泌水量	微量
·坍落度扩展值的损失	在 20℃温度下，搅拌 120min 时的目标为 60cm±5cm；
	在 20℃温度下，搅拌 120min 时的目标为 50cm，坍落度筒的提升速度目标为 3～8s

（5）密实性能确认试验

基础连接板下部填充工程的环境是由基础的形状·配筋·基础底板的大小·锚栓和锚钉·混凝土的质量和浇筑方法等多种因素构成。

基础连接板与锚栓是通过焊接来固定的。因为基础混凝土在浇筑后就不能拆卸基础连接板了，实际施工时浇筑在基础连接板下的混凝土或砂浆是否被密实地填充情况，用肉眼目测是不可能的。因此有必要在浇筑混凝土后，基础连接板可以拆卸的试验体进行密实性能确认试验。在掌握确实可行的填充材料和浇筑顺序的同时，决定管理项目和管理标准。通过采用与密实性能确认试验同样的工艺条件进行施工，以确保隔震基础的质量。基础连接板下部的砂浆或混凝土的密实性受基础的形状·配筋·基础连接板的形状大小，锚栓和锚钉的设置情况以及混凝土的性质、浇筑方法、浇筑时的天气·气温等各种因素的影响。希望尽量能采用与试验相接近的条件来实施正式施工。密实性能试验的实施状况见照片 5.4.3。

1）试验用基础连接板和模板的设置状况

2）商品混凝土的现场验收

3a）混凝土填充（加压式）

3b）混凝土填充（重力式）

4）混凝土填充完成

5）填充率的确认

照片 5.4.3 密实性能试验的实施状况

（6）关于密实性能的判断

　　密实性能确认试验的目的是验证混凝土材料、基础连接板和基础配筋细节以及混凝土浇筑顺序等的合理性。关于试验结果的判断标准有必要事先与工程监理方进行充分的协商后决定。例如，当基础连接板较厚时，作为空隙来判断的最小气泡直径一味追求太小的数值也不现实。5mm左右可以认为是比较妥当的。一般情况下，数个1~2mm直径的气泡不会给密实度带来多大影响。密实性能确认试验的方案阶段应对以下主要项目通过协议后决定。

表5.4.1　关于密实性能确认试验的项目

关于决定判断值的项目	关于填充率计数方法的项目
长期最大面压 大地震时的有效受压面和支承压力分布 填充部分的混凝土强度 安全率	容许最大空隙的直径 视为空隙的最小气泡直径 容许空隙位置的分布和偏位
关于施工性项目	
填充材料（坍落度扩展值、坍落度损失） 浇筑方法 人员配备 浇筑时间	

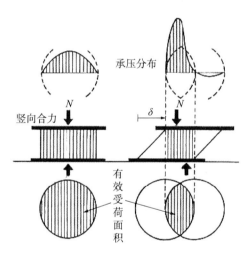

图5.4.4　有效受压面积和支承压力分布

密实度确认是混凝土经过一定养护期间后将基础连接板拆卸后进行的。通常，判断标准是根据基础连接板下的砂浆或混凝土的密实度来规定的。其值是根据隔震装置的最大面压和有效受压和受压分布以及混凝土强度以及过去的结构试验结果和施工业绩来决定的。

密实度的判断标准大多被规定为相对于整个基础连接板的密实度。但此方法会出现当基础连接板下部有一部分空隙集中分布时，也被判断为整体密实合格的结果。当密实度同为90% 的 2 个试验结果实例由图 5.4.5 表示。根据图示对密实度的判断，空隙率的分布亦是重要的判断项目。可以说仅根据整体密实度来判断是很不充分的。

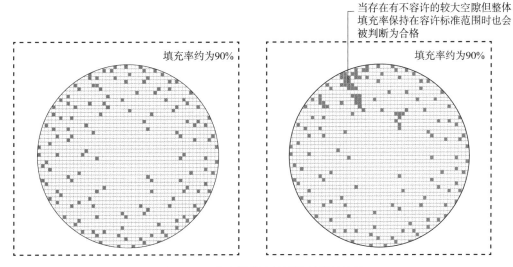

图 5.4.5　密实性能确认试验结果的比较

为了应对这种情况，应将基础连接板划分为若干个区域并根据各个区域来设定其必要的密实度。表 5.4.2 和照片 5.4.4 就是将基础连接板划分为 9 个区域来设定判断标准的实例。

表 5.4.2 密实性能确认试验的管理项目和判断标准实例

	管理项目	判断标准 [1]	备 注
1	整体的密实度	整体的 90% 以上	以 5mm 以上的空隙为对象来确保整体的密实度
2	各区域的密实度	区域的 85% 以上	以 5mm 以上的空隙为对象确认不存在部分偏位的空隙
3	空隙部分的状况	不允许存在有泌水为起因的空隙 不允许存在有超过容许最大直径的空隙	考虑基础连接板以及基础的应力·变形等因素,决定容许最大空隙的直径

[1] 密实性能确认试验时,往往会有比实际施工更好的作业条件倾向,判断标准不应取下限值,应该留有安全余量而设定适当的数值。

[2] 容许最大空隙率,有根据隔震构件的法兰板中央部分的厚度与基础连接板厚度的合计值的方法和基础连接板厚度的 2 倍为目标的方法。例如,基础连接板厚度为 19mm 时,取 2 倍的 38mm 并取整数为 40mm,可考虑按"容许最大空隙的短边长度为 40mm 以下,以及容许最大空隙的面积在 20cm² 以下"进行设定。

照片 5.4.4 空隙的标记和区域划分实例

　　滑动系列隔震支座和有必要采用大型基础连接板的直径较大的隔震支座等,在全部的区域中设定同样的容许最大空隙直径不甚合理,即长期承压的基础连接板中央区域部分和固定螺栓附近的空隙会给结构性能带来较大的影响,必须慎重研讨其容许最大空隙直径。在设计上假定超过大地震时的可移动量区域,可不必要考虑与基础连接板中央附近应该研讨同样的容许最大空隙直径。表 5.4.2 和照片 5.4.4 所示区域分割和按各区域设定适当的判断标准。

5.5 安全管理

> 施工方应努力做好在隔震构件设置过程中与隔震层和关联部位的施工中的安全作业。同时遵守劳动安全卫生法，建筑基准法等相关法规。

（1）通用
- 新入场施工人员必须接受安全教育。

对全体施工人员进行彻底的安全教育，实施在隔震层和周围关联部位施工中如发生地震时的紧急避难训练。
- 决定发布紧急地震速报时通知施工人员的顺序。
- 任命隔震分项工程的负责人直接指挥工作。
- 注意隔震构件的保管和养护。

（2）作业开始前
- 把当天的预定作业、分担任务、担任作业时的安全注意事项以及其他工作计划通知全体施工作业人员。
- 使用机器和工具等由管理工长每天检查后除去不良品后向管理负责人报告检查结果。
- 当发生强风和大雨等恶劣天气时、预测作业的实施伴有危险性时，应中止施工作业。

（3）作业中
- 确保安全通道进行作业。
- 在吊装隔震构件区域内，采取除必要施工人员以外严禁入内的措施。在吊装隔震构件下部以及重机的旋转半径内严禁人员入内。
- 因为隔震构件的设置为上下作业，为保证安全作业适当配置施工人员。
- 当有车辆进出时应做好确切的引导，尽量避免给第三方带来影响。
- 在隔震层和周围关联部位施工过程中发生地震时或发布紧急地震预警时应立即停止施工作业，并迅速远离可能移动的主体部分和有效隔离空间部分以确保自身的安全。当在隔震层内避难移动需要时间时，应立即伏在楼板面上，避免与隔震建筑物的接触。
- 当隔震层设置在地下时，隔震层内有可能发生缺氧，应在实施测氧浓度的基础上实施充分的换气。

（4）施工作业完成时
- 对使用的资料、材料进行整理。
- 对施工现场进行整理·整顿和清扫。

5.6 施工阶段的检测

5.6.1 隔震构件的设置精度和检测

在隔震构件的设置工程中，施工方法在确保隔震功能不损失的前提下进行施工管理并实施施工时的检测。

（1）安装精度

叠层橡胶支座的水平刚度与竖向刚度相比约为1/2000～1/3000，非常柔软。所以叠层橡胶支座的水平精度（倾斜）会对隔震建筑物的性能带来很大的影响。仅就位置精度而言，通常钢筋混凝土（RC）结构不至于发生大问题。而钢结构（S结构、SRC结构）的位置精度不好时，叠层橡胶支座可能会发生扭转和变形，影响隔震建筑物的性能。

滑移・滚动系列隔震支座一旦受很小的水平力就可能滑动，设置时发生微小的倾斜都可能成为影响隔震建筑物性能的原因。RC结构的场合也要十分注意对水平精度（倾斜）的细心管理。

要特别注意，当隔震支座的基础连接板与钢结构直接连接时的基础连接板的管理。希望能设定比水平・位置精度・扭转的管理值更严格的标准。

施工精度管理标准值见表5.6.1、表5.6.2。

（2）混凝土浇筑后的精度

在确保安装精度后，为避免在混凝土浇筑时的侧压不引起基础连接板的移动而对滑移系列支座和滑移板等进行固定。特别要注意，当滑移板设置在上部结构主体时，由于混凝土的自重产生的挠度可能满足不了所规定的精度。

浇筑混凝土时要确保基础连接板不能发生移动。通常，在确保充分固定的前提下浇筑混凝土后不再确认精度。但有时也会在浇筑混凝土后对精度有测试要求，此时，应事先与工程监理方通过协商决定管理标准值。

（3）其他检测项目

在隔震构件的配置中，必须注意类似铅阻尼器和钢材阻尼器会有指定方向性要求。有时会有在设计图纸中明确指示根据性能检测结果来配置隔震构件（指定定型产品番号）的情况，此时有必要事先与工程监理方进行协议。

5.6.2 隔震层的检测

> 在隔震层的施工中，施工方应在确保不损失隔震功能的前提下进行施工管理，并对其实施检测。

（1）隔震容许相对位移量

隔震容许相对位移量必须保持在设计容许相对位移量以上的数值。施工方应考虑包括施工误差＋叠层橡胶的温度收缩·膨胀＋外侧挡土墙的变形等因素，来决定施工容许相对位移量。竣工验收时，当发现没有确保设计隔震容许相对位移量时，应通过采取剔除混凝土等对策来解决。

（2）养护

叠层橡胶支座如受到明火或碰撞后就可能会发生表面保护层的损伤。当阻尼器受到碰撞后会产生伤痕（缺口），进而由此点发展为裂纹，最终导致不能发挥期待的性能。所以在施工期间，有必要确认指示的养护作业是否被执行实施。主体工程完工后的管线工程，亦可能对隔震构件产生撞击伤痕等，要充分注意养护材料的拆除时间。

（3）隔震缝／沟

在安装隔震缝 EXP.J 后，隔震缝／沟的容许相对位移量就无法检测了。所以，应在安装之前检测隔震缝的 EXP.J 部分的隔震缝／沟的容许相对位移量。

制造厂商如对安装精度有规定时，应在安装后对水平精度和位置精度进行确认。同时确认是否进行了适当养护。

表 5.6.1 施工精度管理标准值

管理项目		管理详细	管理值	检测确认内容	
				检测位置	检测方法
叠层橡胶系列	隔震支座	下部基础连接板安装	水平精度 倾斜 1/400	直交 2 个方向	测量标高
			位置精度 X、Y、Z ±5mm	中心部 1 个位置	用尺测量
		养护·管理	为了橡胶部分不受机械损伤用养护材覆盖。并且在周边不搁置可燃物品		
滑移系列	隔震支座	滑板安装	水平精度 倾斜 1/500	直交 2 个方向	测量标高
			位置精度 X、Y、Z ±5mm	中心部 1 个位置	用尺测量
		养护·管理	为了橡胶部分和摩擦面不受机械损伤，用养护材料覆盖。并且应避免在周围搁置可燃物品		
滚动系列	隔震支座	下部基础连接板安装	水平精度 倾斜 1/500	直交 2 个方向	测量标高
			位置精度 X、Y、Z ±5mm	4 边的各中央点	用尺测量
			扭转角度 1/200	根据位置精度测量值进行计算	
		养护·管理	为了滚动面不受机械损伤用养护材料覆盖。并且应避免在周围搁置可燃物品。应注意避免在施工作业中与重机的接触（注意表示、分隔等）。并采取措施防止漏雨和被水淹没		
阻尼器		下部基础连接板安装	水平精度 倾斜 1/300 弯度 1/400 并且 4mm	直交 2 个方向及中央	测量标高
			位置精度 X、Y、Z ±5mm	中心部 1 个位置	用尺测量
		养护·管理	为了不受机械损伤，用养护材覆盖		
相对位移量	隔震容许	挡土墙和主体的间距	水平精度 设计容许相对位移量 *1) 以上	所有外周界线	用尺测量
		挡土墙和散水的间距	位置精度 设计容许相对位移量 *1) 以上	所有外周界线	用尺测量
隔震 EXP.J		安装精度	水平精度 厂商规定值以下	全部设置场所	用尺测量
			位置精度		
		养护·管理	为了不受机械损伤，用养护材料覆盖		

*1）在设计图纸中的表示值如没有明确表示时，与工程监理方通过协议决定。

表 5.6.2 施工精度管理标准值（在隔震装置的基础连接板上直接安装钢结构的场合）

管理项目		管理详细	管理值	检测确认内容	
				检测位置	检测方法
隔震装置		下部基础连接板安装	水平精度 倾斜 1/500 弯曲 1/500 并且 3mm	直交 2 个方向	测量标高
			位置精度 X、Y、Z ±3mm	中心部 1 个位置	用尺测量
			扭转 扭转 1/500	1 边	用尺测量
		养护·管理	为了防止橡胶部分的损伤用养护材料覆盖，并且应避免在周围搁置可燃物品		

阻尼器、隔震容许相对位移量、隔震 EXP.J 的项目，可参考表 5.6.1。

5.7 隔震建筑物的竣工检测

施工方应对隔震建筑物的隔震层部分和隔震功能的关联部分实施适当的施工，并为了确认其作为隔震建筑物来发挥隔震功能应实施有专业资质人员执行隔震建筑物的竣工检测。此外，关于施工方在竣工时的检测记录（隔震建筑物的竣工验收报告书），应接受工程监理方的确认后，在建筑物交付时提交《工程监理方》、《建筑物业主》或《建筑物管理方》的同时，亦根据需要进行保管。另外，由于最近的隔震建筑物大多数都是大项目，施工验收中如发现重大问题时，势必需要花费大量的费用和时间来进行修补。所以建议在各个施工阶段中，实施各阶段的中间验收。

（1）检测实施方

竣工检测时，由日本隔震结构协会（以下称《本协会》）认定颁发的具有《隔震建筑物检查技术者》或《隔震部分建筑施工管理人员》资质的技术人员实施检测。因为竣工检测是在施工方的责任范围内实施的检测。为确保其公正性，希望具有前述资质的第三方技术人员实施检测。

由于测量方法因检测实施者而不同，最近发生了若干竣工检测结果不能成为维护管理初始值的案例。所以，关于测量方法有必要事先与工程监理方、建筑物业方通过协商决定。实施竣工检测时，如果已经决定维护管理方的担当人员的话，也可考虑委托维护管理人员（建筑物业管理方）进行竣工检测。

（2）检测

施工方应编制竣工检测方案书，并在得到工程监理方审批后实施竣工检测。隔震建筑物的竣工检测，因为是维护管理的必要初始值的重要检测，应在施工方（建筑·设备）和监理方在现场列席的状态下实施。

设备施工方不仅要确认隔震柔性接头的设置状况，还必须确认主体结构与设备管道的有效间距与各种设备管道相互之间应有的有效间距。

隔震构件以及关联部位的竣工检测时的确认和必须检测的项目，在本协会出版发行的《隔震建筑物的维护管理标准》中有详细记载，亦可根据设计方来决定的建筑物固有的竣工检测项目，此时有必要在筹划检查方案阶段时确认《设计图纸》要求。

表5.7.1是本协会建议的《竣工检测的位置、确认项目以及调查方法》，竣工时检测状况见照片5.7.1～照片5.7.8。

检测时，为了更合理应注意以下事项。

· 隔震构件固定用螺栓，往往在安装终拧后由于建筑物重量的增加而发生松弛现象，通常需要再次加拧。竣工检测时，推荐对螺栓实施加拧，并对螺帽做定位标记的管理方法。

· 因为在外侧实施了防火保护层的施工后再无法对内部的隔震构件进行检测，所以应避免为了竣工检测而拆除外侧防火保护层，而在外侧保护层的施工前实施竣工检测（即在竣工检测后再实施外侧防火保护层的施工）。

· 当隔震构件设置在柱顶时，需要设置临时的脚手架或支架。关于此部分，应事先确认其费用和工期。

（3）维护管理用标记等的确认

隔震建筑物的维护管理是将竣工检查时的结果作为初始值实施定期的检测来确认隔震建筑物的功能维持。因为隔震构件的变形状态和有效空间距离的测量位置必须在同一位置实施管理，所以有必要将测量位置做长期固定标记。本协会编辑发行的《隔震建筑物的维护管理标准》中要求对此标记应事先在设计图纸中明确表示，并在竣工检查时再次确认。主要的标记种类如下。详细内容可参照《建筑物的维护管理标准》。

① 隔震构件固定用螺栓在拧紧后需做标记（在实施加拧之后，由施工方实施）。

② 隔震构件的竖向·水平变位测量用标记（由检查人员等实施）。

③ 隔震层·建筑物外周部分的有效空间距离测量用标记（由检查人员实施，需要填设金属铁板时由施工方实施）。

有隔震建筑物在竣工时在有效空间距离测试值附近的混凝土面上做标记的。

④ 为测量建筑物位置的下摆用挂钩设置为零点并埋设金属板作为标记（由施工方实施）。

（4）修补

万一在竣工检测时，当发现有效空间距离不足等不满足管理值时，应在与工程监理方协商的基础上实施修补。

（5）检测结果的提交和保管

隔震建筑物有义务在完工后进行定期的维护管理。竣工检测结果将成为以后隔震建筑物维护管理的重要数据（初始值），所以施工方在将检测结果提交给工程监理方和建筑业主方的同时，根据需要备份自行保管。

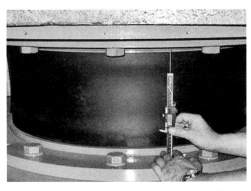

照片 5.7.1　叠层橡胶支座竖向变形的测量

照片 5.7.2　叠层橡胶支座的外观检查

照片 5.7.3　电气配线长度余量的确认

照片 5.7.4　设备管线的可挠性确认

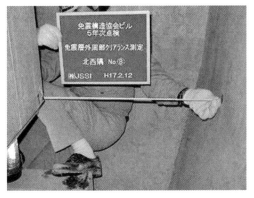

照片 5.7.5　有效空间距离的确认

照片 5.7.6　排水状况的确认

照片 5.7.7　隔震建筑物侧管线与非隔震
建筑物间的有效空间距离的确认

照片 5.7.8
隔震建筑物侧的隔栅与非隔震侧栏杆
的有效空间距离的确认（考虑日常的
安全性，有时在得到工程监理方的同
意下可以适当减小有效空间距离）

表5.7.1　竣工验收的检测项目以及调查方法

位置或者构件			检测项目		检测方法	
位置	构件	详细	项目	详细检测内容	方法 *3)	测量精度
2.1 隔震构件	2.1.1 支座	（1）叠层橡胶系列支座 （2）滑移系列支座 （3）滚动系列支座	外观	污垢·有无异物粘着	目测	
				有无伤痕（长度·深度）	目测（测量）	
			钢材部分（安装部分）	有无腐蚀（生锈）	目测	
				螺栓·螺帽的松动	目测或敲击	
			安装部分的主体	有无破损	目测	
			位移 *1)	竖向位移量	测量或者目测	0.1mm
				水平位移量	测量	1mm
			防尘罩等	有无破损、有无缺损等	目测	
	2.1.2 阻尼器	（1）循环系列阻尼器	外观	有无较大的变形	目测	
				有无喷涂的剥落和裂纹等	目测	
			钢材部分（安装部分）	有无腐蚀（生锈）	目测	
				螺栓·螺帽的松动	目测或敲击	
			安装部分的主体	有无破损	目测	
			主要尺寸	各构件的主要尺寸 *2)	测量	1mm
			位移	水平位移量	测量	1mm
			可移动范围	主体结构与其他部分的接触	目测（测量）	1mm
		（2）液体系列阻尼器	外观	有无较大的变形	目测	
				有无损伤	目测	
			钢材部分（安装部分）	有无腐蚀（生锈）	目测	
				螺栓·螺帽的松动	目测或敲击音	
			安装部分的主体	有无破损	目测	
			位移	安装长度·螺帽的松动	测量	1mm
			黏性体·油	有无液体泄漏	目测	
2.2 防火保护	2.2.1 隔震构件防火保护		外观状况	有无脱落·剥落·受潮等	目测	
				有无破损·裂纹·折断·缺损等现象	目测	
			安装状况	定位螺栓的松动、有无其他松动	目测或者触摸	
			防火材料相互间的有效距离	偏差量、有无间隙	目测（测量）	1mm
			可移动·动作状况	可动范围内有无障碍物	目测（测量）	1mm
2.3 隔震层	2.3.1 建筑物与挡土墙的有效空间距离	指定测量位置	水平有效空间距离	有效空间距离尺寸	测量	1mm
			竖向有效空间距离	有效空间距离尺寸	测量	1mm
			水平·竖向标记位置	有无标记·状态	目测	

续表

位置或者构件			检测项目		检测方法	
位置	构件	详细	项目	详细检测内容	方法*3)	测量精度
2.3 隔震层	2.3.2 隔震层内的环境		障碍物·可燃物	有无	目测	
			排水状况	漏水·倒灌孔·滞留水·结露现象	目测	
	2.3.3 建筑物位置	吊坠	设置位置	确认位置	目测	
			移动量	从原点的 X、Y 方向的移动量	测量	1mm
2.4 设备管道以及电气管线	2.4.1 设备管道柔性接头	上下水道·煤气、其他管道	设置位置	位置的确认	目测	
			柔性接头固定部、吊架、固定金属件等状况	有无生锈、伤痕、裂纹、破损等	目测	
				安装螺栓生锈、松动	目测	
				液体泄漏	目测	
		管道、电缆支架、主体、外周部分等	相互间的有效空间距离	有无水平、上下的有效空间距离（量）	目测（测量）	
	2.4.2 电气配线	电源、通信电缆、避雷针·接地线等	设置位置	位置的确认	目测	
			位移追随性	长度余量的确认	目测	
2.5 建筑物外周部分	2.5.1 外周部分	主体、散水、周边设备	有效空间距离	有无有效空间距离（量）	目测（测量）	1mm
		散水与挡土墙间距	水平间隙	有无空隙（量）	目测（测量）	1mm
	2.5.2 隔震缝·沟		隔震 EXP.J 的位置	位置的确认	目测	
			可移动、动作状况	在可移动范围内有无障碍物	目测	
				可动部分有无异样的变形	目测	
			安装部分的状况	有无生锈、伤痕、裂纹和破损等	目测	
2.6 其他	2.6.1 隔震建筑物的表示		设置位置	位置的确认	目测	
	2.6.2 下吊式位移轨迹仪		设置位置	位置的确认·有无问题	目测	
			移动量	从原点的 X、Y 方向的移动量	测量	1mm
	2.6.3 单独放置的试验体		设置状况	加压力	记录	
			钢材部分（安装位置）	腐蚀（生锈）、螺栓松动等	目测或敲击音	
	2.6.4 其他问题		明显问题	记录	目测（测量）	

*1）原则上，应对所有构件进行竖向·水平位移的测量。关于滑移系列支座，当判断为没有问题时可省略测量，但应该通过目测确认没有间隙。

*2）各部分的主要尺寸可参照《隔震建筑物的维护管理标准 3.2 章、表 3.2.1 和表 3.2.2》。

*3）（测量）是表示通过目测后发现有异常情况时再实施的测量。

6. 隔震柔性接头以及隔震缝的施工

6.1 隔震柔性接头的施工

> 施工方应根据施工技术方案所记载的施工顺序，实施隔震柔性接头以及关联部位的施工。

6.1.1 产品

（1）进场日期

施工方对产品的进场数量以及日期，与制造厂商通过协商后决定。

（2）进场验收·卸货

产品进场时施工方应现场列席，对产品名称·产品规格·产品数量等以及产品有无损伤进行确认。

（3）保管

关于保管场所，应考虑下列因素来选择。

· 不会给产品带来变质和损伤可能性的场所。

· 不会给其他作业和通行带来障碍的场所。

6.1.2 施工

关于隔震柔性接头的施工，在确保能发挥所定性能的可动范围里，将建筑物一侧及基础一侧的管道用固定支承构件各自固定并确认使用产品是否所规定的管道柔性接头后用合适的方法将其法兰连接起来，并根据管道柔性接头来选用螺栓。

安装隔震柔性接头时，应注意在规定尺寸内实施无偏心施工。在隔震柔性接头安装中，亦有通过变形来安装的接头（图 6.1.1）。此时，对安装尺寸的详细内容应根据说明书进行确认。

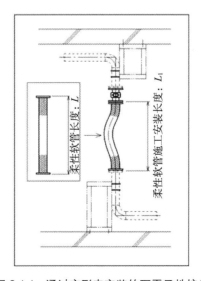

图 6.1.1　通过变形来安装的隔震柔性接头

并且要考虑将来设备机器的增设和更换时，希望设置有显示设计可移动量和制造厂商联系方式的标记。

6.1.3 连接时的注意点

施工方的施工应确保连接部分不能漏水等。

连接安装时，应注意以下施工事项。

① 确认隔震柔性接头的密封圈应与相连接管道接头的法兰形状一致，并保持平整、光滑。法兰面有凸出部分或毛刺就有可能给密封圈带来损伤。

② 安装螺栓应从隔震柔性接头方插入，螺帽则以反方向紧固。

③ 安装螺栓的紧固应从 4 点的对角开始，再对全周的螺栓依照紧固力矩值按顺时针方向紧固。紧固时的力矩标准值因柔性接头材质而异，应根据厂商所提供说明书进行确认。

6.2 隔震缝的施工

施工方应根据施工技术方案书所记载的施工顺序，实施隔震缝以及关联部位的施工。施工完成后应编制施工报告书和使用说明书，提交给工程监理方。

隔震缝 EXP.J 的施工是在主体结构工程结束后作为装修工程来进行的，通常其施工研讨会滞后进行。如果在图纸中对特殊部位如阳角和阴角有详细节点表示时没有问题，但有时图纸内容仅限于对一般部分的表示。当主体结构施工时未对隔震缝安装细节进行详细确认时，就有可能发生隔震缝实际安装不上而引起主体结构部分可能返工。所以，希望在尽早的阶段对施工上的详细尺寸等进行研讨。

施工方不应在吊顶的隔震缝 EXP.J 的可动范围内设置设备管道·风管·消防设备等，并为了检修设置吊顶检修孔。

6.2.1 产品

（1）进场日期

施工方对进场数量及日期，与制造厂商通过协商后决定。

（2）进场验收·卸货

进场验收时，施工方应派代表实施现场列席验收，对产品（捆包）的数量以及散包的原因及产品有无损伤进行确认。

在卸货时，吊装人员之间要彻底明确统一吊装手势，充分注意在装卸时不能给产品带来损伤。

（3）保管

关于保管场所，应考虑下列因素来选择。

· 不会给产品带来质变和损伤可能性的场所。

· 不会给其他作业和通行带来障碍的场所。

为保持隔震缝 EXP.J 所定性能，从工厂发货时会使用合适的夹具避免在搬运过程中受损伤和变形，产品进入现场后也应注意其保管方法。

6.2.2 施工

关于隔震缝 EXP.J 盖板的施工，应在确认其要求性能可发挥的可动范围内之后，并对所应具有的 EXP.J 隔震性能进行确认。在产品满足性能的基础上，用适当的方法在建筑物一侧和基础一侧的各自固定部分实施确切的安装。

因为固定部位的尺寸以及形状会影响隔震 EXP.J 的性能，所以事先应与制造方进行充分的确认和协调。另外，因为曾发生过因隔震缝 EXP.J 盖板和底材强度和刚度不足而引起损伤的案例，所以应从制造方得到盖板和底材所应承受的荷载值数据，在保证满足强度和刚度的前提下，对盖板和底材实施施工。

6.2.3　施工报告书、使用说明书

施工方在完成施工后，应编制施工报告书提交给工程监理方。

施工方应将隔震缝 EXP.J 的设置位置、功能·性能的说明（包括维护保养的说明）和结构评估记载的关联事项等进行整理，与制造方商讨的同时编制业主用的使用说明书，并提交给工程监理方。使用说明书应包括表示隔震 EXP.J 的可动范围等资料以及在维护管理上认为有必要的项目内容。

6.2.4 地震时发生问题的案例分析

通过定期检查和应急检查报告，发现较多的隔震缝 EXP.J 出现高低差的问题，所以有必要对制理和施工实施严格的管理。

楼板问题的案例分析（摘自：JSSI 隔震缝接合部指针）

案例 1	案例 2
损伤状况 端部开启板损坏 外部隔震缝盖板 • 金属构件在转动时被挂在端部而失去功能	损伤状况 发生残留变形 • Y方向的隔震缝 EXP.J 盖板有变形，发生残留变形和间隙
损伤原因和问题 • 没有进行充分的可动试验 • 端部的形状不合适	损伤原因和问题 • Y方向隔震缝 EXP.J 盖板的强度不足以及轨道无法顺畅地移动
防止对策 • 通过可动试验，确认各种功能	防止对策 • 通过可动试验，确认各种功能 • 加强隔震缝 EXP.J 盖板 • 提高轨道的移动性
案例 3	案例 4
损伤状况 • 地基侧的装修材料脱落	损伤状况 • 与可动范围内的小柱发生碰损，面板破损
损伤原因和问题 • 隔震缝盖板的角度较大（约 45°），没有按照预期的那样开启，导致与地基侧的表面装修材料碰撞	损伤原因和问题 • 在可动范围施工完成后追加设置了小柱
防止对策 • 加强防护罩 • 提高轨道的移动性 • 通过可动试验，确认各种功能	防止对策 • 应让业主周知在可动领域范围内不能设置障碍物

墙体问题的案例分析（摘自：JSSI 隔震缝接合部指针）

案例5	案例6
损伤状况	损伤状况
辊轴支座　地震后这里发生碰撞、辊轴在转动之前已经破损失去了应有的功能	
·墙体盖板损伤	·墙体盖板损伤 ·底材的 ALC 板破损
损伤原因和问题 ·墙体的隔震 EXP.J 面板与直角墙相交处的端部设有滚轮，通过安装的铰链具有可以转动的功能。由于发生碰撞产生冲击变形不能转动，导致面板与底材受损	损伤原因和问题 ·在 ALC 板和预制板的锚栓上用螺栓固定了轨道，由底材的强度不足而引起。 ·轨道无法通畅移动的原因是否底材破损导致引起，有待验证
防止对策 ·端部滚轮详细节点构造的改善。 ·通过振动与实验确认受冲击变形后的追随性	防止对策 ·重新确立底材的设计方法，确认所需刚度和强度
案例7	案例8
损伤状况	损伤状态
辊轴部分	
·由于墙体隔震 EXP.J 接合部金属面板的接触导致金属器具变形	·墙体面板上部接触以后发生弯曲
损伤原因和问题 ·墙体隔震缝 EXP.J 接合部发生移动时，由接触部分的碰撞引起冲突导致金属器具受损。 ·面板表面打了硅胶导致铰链不能转动	损伤原因和问题 ·推测原因是由于建筑物产生的层间变形引起左右外墙板发生转角，导致建筑物上部的外墙板发生碰撞。 ·在隔震建筑物与抗震建筑物之间的墙体，在抗震建筑物受到地震加速度的影响，有可能导致发生墙体的变形·碰撞后破损
防止对策 ·图纸说明中明确记载面板不需要打硅胶内容	防止对策 ·考虑层间变形后倾斜机构的改善。 ·通过振动台实验确认受冲击后的变形

99

吊顶问题的案例分析（摘自：JSSI 隔震缝接合部指针）

案例 9	案例 10
损伤状况 • 吊顶底材变形，留下残留变形	损伤状况 • 与抗震侧的吊顶面板接触后装修材料受损
损伤原因和问题 • 没有起到轨道通畅移动的功能，轨道底材受到较大的冲击力导致弯曲变形	损伤原因和问题 • 有效隔离空间不足引起接触导致破损
防止对策 • 改善提高轨道的可动性。 • 通过可动试验确认其应有功能	防止对策 • 隔震缝接合部与抗震侧部分设置 20mm 左右的间隙，以防止发生可动障碍
案例 11	案例 12
损伤状况 • 抗震侧的墙金属器具与吊顶板碰撞后破损	损伤状况 • 与吊顶内的设备风管相干涉而发生变形
损伤原因和问题 • 在可动范围内设置了墙的金属器具	损伤原因和问题 • 后续工程的施工方对隔震缝接合部要求的认识不足以及周知联络不彻底
防止对策 • 可动范围内不能设置成为隔震板的障碍物。 • 滑移面必须平整光滑	防止对策 • 与其他工种施工方进行彻底的沟通（在通用的施工图上明确记载注意事项等）。 • 明确表示隔震缝接合部的可动范围

7. 中间层隔震的施工

中间层隔震的场合，施工方应理解其与基础隔震的区别，根据《设计图纸》记载事项，必须十分留意的编制施工方案。当中间层的用途为住宅时，有必要与工程监理方进行充分的协商后，实施对隔震构件的防火保护处理（工法）。

7.1 中间层隔震的概要

当在建筑物的中间层设置隔震层时称为中间层隔震。中间层隔震的设计理念是对隔震层下层部分不考虑地震加速度的折减。当在建筑物上部楼层设置隔震层时，就没有必要在地下层外周设置隔震地沟层。当拟建场地周边狭小时，经常有采用中间隔震层方案。进而有为避免受暴雨引起的浸水以及回避海啸影响的目的而采用中间层隔震的案例。采用中间层隔震方案对抑制开挖地基深度也很有效。

中间隔震层建筑物的隔震层位置的设定由图 7.1.1 所示进行分类。如图 7.1.2 所示隔震层用途是作为住宅和停车场等使用场合，和仅设置专用检修空间的场合。仅设置专用检修空间的场合，其面积可不算入建筑物容积率对象的楼层面积中。

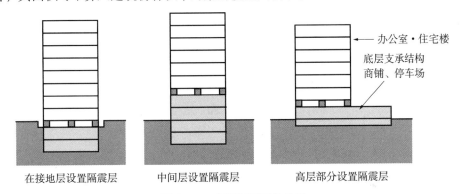

在接地层设置隔震层　　中间层设置隔震层　　高层部分设置隔震层

图 7.1.1　中间层隔震的位置

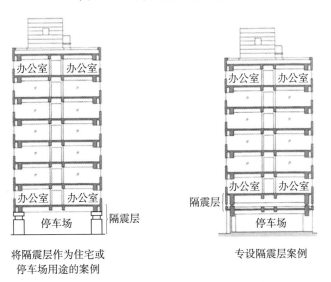

将隔震层作为住宅或　　　　　专设隔震层案例
停车场用途的案例

图 7.1.2　隔震层的形式

当设置中间隔震层时，特别是隔震层作为住宅使用时，为了使用方便通常在柱顶位置设置隔震支座。此时，为确保隔震支座的施工精度在支座锚栓下部设置二次浇筑混凝土浇筑空间。在设置下部基础连接板后，通常采用大流动混凝土来浇筑接合部的主体结构。

柱顶结构主体的二次浇筑位置如图 7.1.3 所示。施工实例如照片 7.1.1 所示。

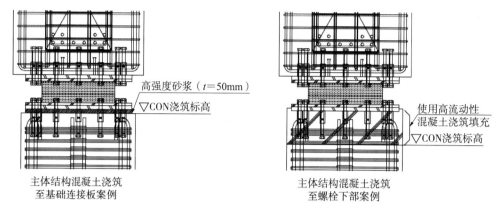

图 7.1.3　柱顶主体结构二次浇筑位置参考案例

| 柱下部先行主体施工 | 设置下部基础连接板 | 设置隔震支座 | 设置上部基础连接板 |

照片 7.1.1　施工实际案例照片

7.2 中间层隔震的施工注意点

中间层隔震建筑物与基础隔震建筑物不同，因为在建筑物的中间有隔震层，有必要对隔震层周边部分伴随隔震化实施特别的对应。

其隔震化对应的注意项目做以下提示。在施工方案编制和制作施工图阶段对设计图纸进行详细校对，根据隔震建筑物的最终形式来研讨在变位的对应处理等内容上有无问题。

（1）中间隔震层的周围外墙•内墙的变形对应。

（2）贯通中间隔震层的楼梯部分的变形对应。

（3）贯通中间隔震层的电梯以及井道的变形对应。

（1）中间隔震层的周围外墙•内墙的变形对应。

• 隔震层的外墙（结构）割缝的防雨和防火性能要充分研讨后确定（参照照片 7.2.1、图 7.2.1）。

• 隔震层的（结构）割缝标高位置不统一时，应对高低差部分的水平有效隔震尺寸充分研讨后确定（照片 7.2.2）。

• 隔震层的主体结构部分的（结构）割缝为非平滑凹凸面时，因为防火分隔处理容易产生间隙，应尽量避免而采用平滑面的施工。

• 要确认防火割缝材料的变形追随性（参照图 7.2.2）。当地震时隔震层上下主体结构会发生相对变形时割缝材也不受损伤。并且，在地震后建筑物恢复原位置时，割缝材料亦能恢复原状起到防火区隔的功能。

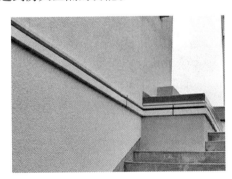

照片 7.2.1 外墙部分的水平（结构）割缝

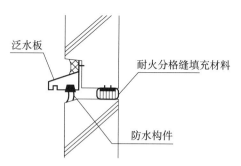

图 7.2.1　外墙水平（结构）割缝详图

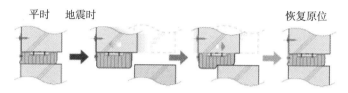

图 7.2.2　能追随变形的模型

照片 7.2.2　水平（结构）割缝有高低差时的对应实例
（注）白色方框部分为确保隔震有效间隙、用隔震 EXP.J 面板对应

（2）贯通中间隔震层的楼梯部分的变形对应

· 贯通隔震层的楼梯通常采用从上部主体悬挂方式。为确保楼梯和周边部分的主体结构间有所规定的有效间隙，要进行充分的研讨（参照图7.2.3）。

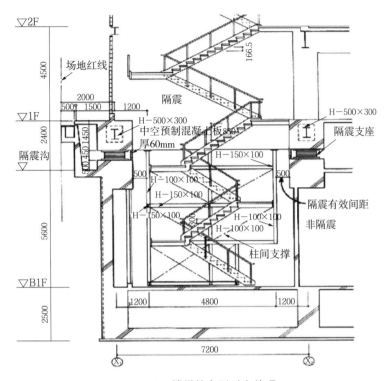

图 7.2.3　楼梯的变形对应处理

（3）贯通中间隔震层的电梯以及井道的变形对应

· 因为悬挂式电梯周围的施工中地坑下部与主体的有效间距非常狭窄，至少在施工上很困难。有必要通过讨论后采用半预制混凝土板等方法来解决（参照图7.2.4）。

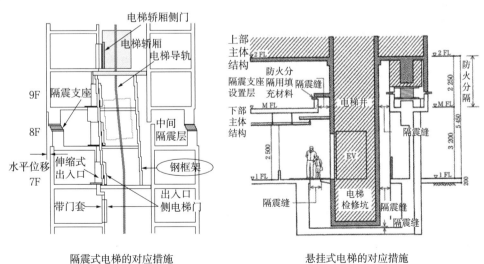

隔震式电梯的对应措施　　　　　悬挂式电梯的对应措施

图 7.2.4　隔震对应的电梯实例

7.3 中间隔震层的防火措施

> 当有发生火灾危险性的中间层为隔震层时，有必要确认其防火区隔的处理方法和隔震支座的防火保护等防火措施。

（1）关于隔震层的防火区隔施工上的注意点

- 对隔震层外墙（结构）割缝处的防雨和防火性能进行充分研讨后再做对应。
- 要注意当隔震层的（结构）割缝的标高、即滑动面不在一个平面上有高低差时，其构造变得相当复杂。
- 要注意当隔震层的主体（结构）割缝不平滑时用防火材料进行防火区隔处理容易产生间隙，应尽量避免。
- 隔震缝的割缝高度，应确保其有充分间距（50mm 左右）为宜。
- 因为防火区隔材料（割缝部分、隔震缝接合部）不属于交通部告示的限定规格和大臣认可制度范围内容，所以应根据设计图纸对其规格进行充分的确认。

（2）关于隔震支座防火保护层的施工上的注意点

- 当隔震装置外周要设置防火保护层时，应事先绘制详图。并根据隔震装置的变形和隔震有效空间尺寸与设备管道的位置关系等，包括安装方法进行综合研讨。
- 根据防火保护材料的规格有时要求主体结构必须具有一定的精度，或者有必要为固定底材用丝攻事先在基础连接板上留出螺栓用丝孔。
- 根据批准图纸确认施工的可行性。
- 对于竣工后维护管理方面，应确认隔震支座的检修是否容易实施。
- 当柱子外露时，应对其防雨性能对策进行研讨会实施对应。
- 确认地震发生时防火保护层与周边墙壁、设备材料等不发生干涉（参照图 7.3.1）。
- 包括竣工检查编制施工组织设计。

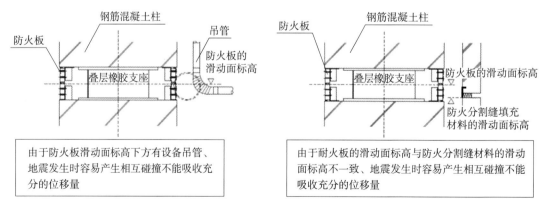

图 7.3.1 地震时防火保护层与设备管道和墙体相互干扰案例

表 7.3.1 施工上的确认事项表

	确认项目	处理·对应（案）
隔震层的防火区隔	防火区隔部位的割缝高度是否有充分间距（50mm 左右）? 施工上有无问题?	主体部分修补
	防火区隔部位的主体（结构）割缝面是否保持平整光滑?	用砂浆等进行修补
	割缝面标高是否有高低差?	隔震缝接合部标高的设置 割缝标高的变更和调整
	设置隔震缝时，应确认其防火区隔的割缝填充材料与隔震缝接合部相互干涉?	割缝填充材料的位置（方向）变更
	在直接受雨淋部位使用时，是否实施了相应的对策?	设置滴水等
隔震支座的防火保护	关于防火保护层的安装方法以及与叠层橡胶·支座的隔离尺寸等是否能满足认定条件?	主体形状的变更 防火保护层材料规格的变更
	地震时防火保护层与隔震装置是否确保有效必要空间?	主体部分增大 容许变形量的调整 防火保护层材料·规格的变更
	地震发生时防火保护层与周边设备材料是否干涉?	设备材料位置的变更 防火保护层材料·规格的变更
	地震发生时防火保护层与墙体是否干涉?	墙体设置隔震缝 防火保护层的材料·规格变更
	隔震支座的检修是否可行?（指检修必要空间）	检修对象构件的变更 防火保护层的材料·规格变更
	在直接受雨淋部位使用时，是否实施了相应的对策?	设置水滴等

（3）防火保护层的施工案例

（i）分割式面板

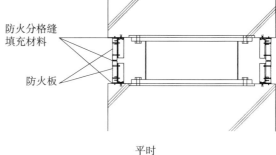

平时

【特征】

　　① 墙体接合部：与割缝标高一致的话，地震时与墙不会干扰。

　　② 隔震支座的检修：用工具拆卸螺栓后就能进行解体·复旧作业。

　　③ 其他：对于残留变形，有发生间隙的可能性。

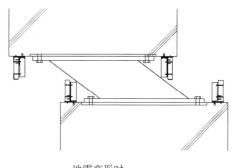

地震变形时

（ii）开启式面板

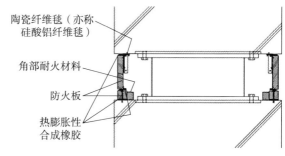

平时

【特征】

　　① 墙体接合部：地震时有与墙发生干扰的可能性。

　　② 隔震支座的检修：不拆卸带扣的锁也能实施检修和复旧作业。

　　③ 其他：对于残留变形，有发生间隙的可能性。

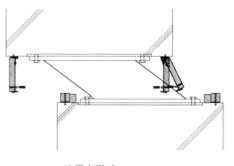

地震变形时

（iii）多段式面板

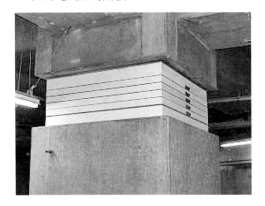

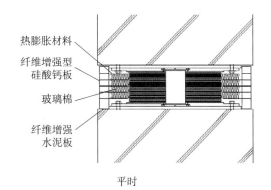

热膨胀材料
纤维增强型
硅酸钙板
玻璃棉
纤维增强
水泥板

平时

地震变形时

【特征】

① 墙体接合部：地震时有与墙发生干扰的可能性。

② 隔震支座的检修：用工具拆卸螺栓后就能进行解体·复旧作业。

③ 其他：对于残留变形，不容易发生间隙。

8. 附　　录

8.1　隔震构件的成品·性能检查

（1）制造·检测要领书

　　施工方应确认由制造方编制的制作·检测要领书内容无误后，提交工程监理方审批。

　　施工方应确认由制造·检测要领书内容是否与设计图纸内容一致。如有必要，将制造上和施工上的内容与工程监理方进行协商和调整。

（2）材料检测

　　施工方应确认隔震构件所使用的材料是否符合材料认定书以及与制造·检测要领书内容是否一致。通常，都是确认提交的使用材料物性测试成绩表、质量证明书等即可。但在特殊场合，亦有追加实施材料试验的要求。

（3）外观检测

　　施工方应根据设计图纸·检测要领书内容检测防锈处理状况。并对外观是否存在有害的伤痕和变形、涂料剥落、电镀表层有无起泡等，进行目测并用手触摸确认。

（4）尺寸检测查

　　施工方应根据制造·检测要领书内容，确认所表示的尺寸检测是否已被实施。因为隔震构件的形式不同，其尺寸检测内容也不同。其检测内容主要是确认与图纸所表示的产品高度、上下法兰板的倾斜，水平方向的错位、板厚、安装螺栓孔位置是否都在容许值范围内。

（5）性能检测

　　施工方应根据制造·检测要领书内容，确认性能试验是否已被实施。隔震支座的主要检测项目是水平刚度和竖向刚度；具有阻尼性能的隔震支座的主要检测项目则是屈服荷重或者是等效阻尼系数和摩擦系数（滑移、滚动支座）。关于阻尼器，通常是对制造厂方提交的产品业绩等资料的确认。对油压阻尼器类而言，因实物的性能试验比较容易，通常是通过实施性能试验确认其阻尼力等性能。判断标准则是根据包括设计图纸以及产品认定证书内容并得到工程监理方认可的制造·检测要领书所表示的在容许值范围内的产品即为合格品。

　　原则上性能试验必须全部支座实施。而现场列席检测是按抽样对数台实施试验。其他产品则是根据制造方的自主检测结果报告书的确认结果来判断其是否合格。对于由温度、加力速度等试验条件对测试结果做补正的场合，有必要确认其温度管理是否合适；测试机器校正证明书是否在有效期内以及补正方法是否与制造·检测要领书内容一致。

　　引用一般社团法人日本隔震结构协会编写的《隔震结构—从构件的基本到设计·施工》。

　　同直径的叠层橡胶系列隔震支座、由于橡胶刚度和橡胶的叠层数以及中心柱体的尺寸不同则其性能也不同。弹性滑移支座则根据橡胶刚度和叠层数不同，性能也不同。此外亦有高摩擦滑移支座和低摩擦滑移支座等不同摩擦系数的产品。施工方应根据制造·检测要领书所记载隔震构件的性能是否满足设计要求规格；使用材料是否与设计规格一致；制作精度是否满足设计要求等内容进行确认。进而，确认隔震构件的安装等内容是否已被考虑在内并反映在制造中了。

　　以下为各公司的性能检测方法实例。

8.2　叠层橡胶隔震支座的质量管理·性能检测实例

表 8.2.1　叠层橡胶支座的质量管理实例

	检测项目		检测方法	检测数量	判断标准	处理	管理区分	
							制造方	施工方
材料检测	橡胶材料的物性测试	硬度	JIS 规格	每个项目1次以上（1次/每1组）	与所定规格一致	材料的再制作	□	□
		拉伸应力						
		拉伸强度						
		应变						
	使用钢材等的质量证明书		文件确认	全数	与所定规格一致	材料的再制作	□	□
	铅和锡材料的质量证明书		文件确认	每个铸锭	与所定规格一致	材料的再制作	□	□
外观检测	产品的外观检测	主体橡胶表面	目测	全数	水平弹簧的定期检测是否存在会引发剪切变形伤痕的因素	修补	○	◎
					水平弹簧的定期检测是否存在会引发剪切变形伤痕的因素	再制作		
		法兰			不允许存在有害的伤痕	修补		
		钢材部分的防锈			不允许许存在起泡、剥落等有害缺陷	修补		
尺寸检测	产品高度		直角4点用游标卡尺测量，算出4点的平均值（进行温度修正）	全数	设计值±1.5%且±6mm	修补或者再制作	○	◎
	法兰的倾斜		算出直角两方向的产品高度差		法兰外径的0.5%且5mm以内			
	橡胶部分的外径		公司内部检测：用游标卡尺测量一次制作模具的橡胶部分的相应直径。抽样检查：用比例尺和游标卡尺测量一次制作模具的橡胶部分的相应直径		设计值±0.5%且±4mm			
	法兰的外径		用游标卡尺或卷尺测量		设计值±3mm			
	法兰的错位		直角两个方向直径用尺和游标卡尺测量		5mm以内			
	安装螺栓孔间距		直角两个方向直径用游标卡尺或卷尺测量		1500mm以内：设计值±1.2mm 1500mm以上：设计值±1.5mm			
	安装螺栓孔径		涂装前每个孔的直径用模板确认	测试每个孔的直径、用模板全数对照	设计值±0.5mm与所定规格一致			

	检测项目			检测方法	检测数量	判断标准	处理	管理区分	
								制造方	施工方
防锈	表面涂膜厚度检测（使用电磁膜厚计测量）			［涂装的场合］用膜厚计测试［热浸镀锌的场合］附着量试验·附着力试验（JIS 规格）根据制造方取得的认定内容决定	同类成品中的 50% 以上	与所定规格一致	修补	○	◎
性能检测*1)	竖向特征确认试验		竖向刚度 K_v	根据制造厂家取得的认定内容决定	全数	设计值 ±20%（设计值 ±30%*2)）	再制作	○	◎
	水平特征确认试验	RB	水平刚度 K_h			设计值 ±20%			
		LRB SnRB	屈服后刚度 K_d			设计值 ±20%			
			屈服荷载 Q_d						
		HDR	等效刚度 K_{eq}			设计值 ±20%			
			等效阻尼系数 H_{eq}						

凡例：◎：施工方列席检测（一般实施抽样检测，抽样数量与工程监理方通过协议决定）

　　　○：制造方自主检测

　　　□：对提交文件进行审查

　　 RB：天然橡胶系列叠层支座

　 LRB：铅芯叠层橡胶支座

　SnRB：锡芯叠层橡胶支座

　 HDR：高阻尼橡胶系列叠层支座

*1)　　性能检测的判断标准的 20% 为最大值，或根据设计图纸以及与工程监理方通过协议后设定适当数值。

*2)　　HDR 竖向刚度的判断标准有时取设计值 ±30%。

※　　关于判断标准，除本表外，可根据制造方取得的国土交通部的隔震构件认定，通过协议设定适当的数值。

表 8.2.2　叠层橡胶支座的尺寸检测方法实例

尺 寸 检 测 内 容	测 试 方 法
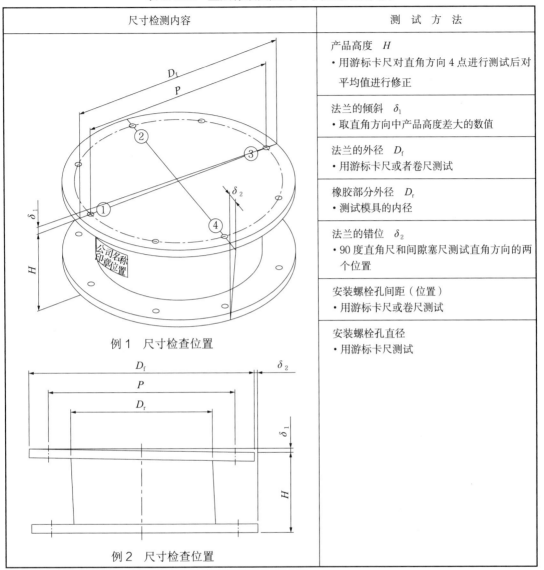 例 1　尺寸检查位置	产品高度　H · 用游标卡尺对直角方向 4 点进行测试后对平均值进行修正
	法兰的倾斜　δ_1 · 取直角方向中产品高度差大的数值
	法兰的外径　D_f · 用游标卡尺或者卷尺测试
	橡胶部分外径　D_r · 测试模具的内径
	法兰的错位　δ_2 · 90 度直角尺和间隙塞尺测试直角方向的两个位置
	安装螺栓孔间距（位置） · 用游标卡尺或卷尺测试
	安装螺栓孔直径 · 用游标卡尺测试
例 2　尺寸检查位置	

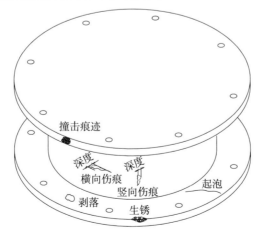

图 8.2.1　叠层橡胶支座外观上的伤痕、变形简图

（1）天然橡胶系列叠层橡胶支座的性能检测实例
（昭和电线电缆系统株式会社）

天然橡胶系列叠层橡胶支座的性能检测按表 8.2.3 所示项目和测试方法进行，确认其是否满足支座的构件认定的判断标准。检测对象为全部支座。

表8.2.3　天然橡胶系列叠层橡胶支座的性能检测项目

检测项目	测　试　方　法
竖向弹簧系数	在相当标准面压的竖向荷载加载后，按照设计承载力 ±30% 幅值反复循环加载三次，选择第三次试验值计算竖向弹簧系数。根据第三次加载时滞回特性即最大变形值与最大承载力值的交点与其最小值交点的连接线算出其斜率（参照图 8.2.2）
水平弹簧系数	在相当标准面压的竖向荷载加载后，按照剪切应变 $\gamma = \pm100\%$ 反复循环加载三次，选择第三次试验值计算水平弹簧系数。根据第三次加载时滞回特性即最大变形值与最大承载力值的交点与其最小值交点的连接线算出其斜率（参照图 8.2.3）

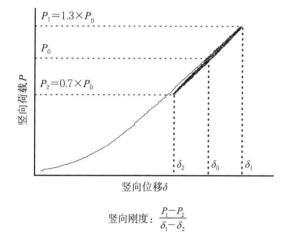

竖向刚度：$\dfrac{P-P_2}{\delta_1-\delta_2}$

图 8.2.2　竖向弹簧系数的计算方法

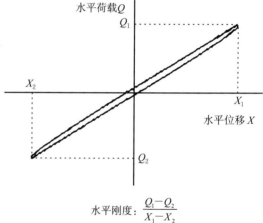

水平刚度：$\dfrac{Q_1-Q_2}{X_1-X_2}$

图 8.2.3　水平弹簧系数的计算方法

114

（2）铅芯叠层橡胶支座的性能检测实例（OILES 工业株式会社）

铅芯叠层橡胶支座的性能检测，按表 8.2.4 所表示项目和测试方法进行，确认其是否满足支座的构件认定的判断标准。检测对象的竖向刚度、屈服后刚度、屈服荷载为全部支座。

表8.2.4　铅芯叠层橡胶支座的性能检测项目

检测项目	测 试 方 法
竖向刚度（K_v）	在相当标准面压的竖向荷载加载后，按照设计承载力 ±30% 幅值反复循环加载四次，选择第三次试验值计算竖向刚度。根据第三次加载时滞回特性即最大变形值与最大承载力值的交点与其最小值交点连接线算出其斜率（参照图 8.2.4）
屈服后刚度（K_d）	在相当标准面压的竖向荷载加载后，按照剪切应变 $\gamma=\pm100\%$ 反复循环加载四次，选择在第三次的滞回特性计算屈服后刚度。根据第三次加载时计算滞回特性即从 $-\delta_2/2\sim+\delta_1/2$ 之间的滞回曲线回归时直线的上下平均斜率值 δ 为水平变形量（参照图 8.2.5）
屈服荷载（Q_d）	在相当标准面压的竖向荷载加载后，按照剪切应变 $\gamma=\pm100\%$ 反复循环加载四次，选择在第三次的滞回特性计算屈服荷载。根据第三次滞回曲线特性，计算从 $-\delta_2/2\sim+\delta_1/2$ 间的回归滞回曲线的直线与 Y 轴交点的上下平均值

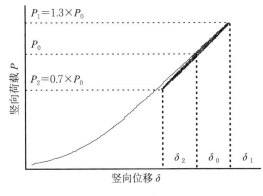

$$K_v=\frac{P_1-P_2}{\delta_1-\delta_2}$$

图 8.2.4　竖向刚度的计算方法

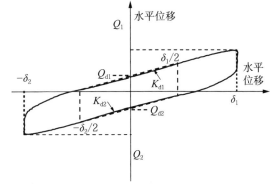

$$K_d=\frac{K_{d1}-K_{d2}}{2}, \quad Q_d=\frac{|Q_{d1}|+|Q_{d2}|}{2}$$

图 8.2.5　屈服后刚度以及屈服荷载的计算方法

（3）铅芯叠层橡胶支座的性能检测实例（普利司通株式会社）

铅芯叠层橡胶支座的性能检测，按表 8.2.5 所表示项目和测试方法进行，确认其是否满足支座的构件认定的判断标准。竖向刚度、二次刚度、屈服荷载的检测对象为全部支座。

表8.2.5　铅芯叠层橡胶支座的性能检测项目

检测项目	测　试　方　法
竖向刚度（K_v）	在相当标准面压的竖向荷载加载后，按照设计承载力 ±30% 幅值反复循环加载三次，选择第三次试验值计算竖向刚度。根据第三次加载时滞回特性即最大变形值与最大承载力值的交点与其最小值交点连接线算出其斜率（参照图 8.2.6）
二次刚度（K_d）	在相当标准面压的竖向荷载加载后，按照剪切应变 $\gamma=\pm100\%$ 反复循环加载三次，选择第三次的滞回曲线的最大变形值和最大承载值的交点与其最小值的交点与 Y 轴交点相连接直线，算出其上下平均值。（参照图 8.2.7） 根据国土交通部的隔震支座认定内容，必要时进行温度修正
屈服荷载（Q_d）	在相当标准面压的竖向荷载加载后，按照剪切应变 $\gamma=\pm100\%$ 反复循环三次，选择第三次试验结果从滞回特性与 Y 轴交点求出其上下平均值。（参照图 8.2.7） 根据国土交通部的隔震支座认定内容，必要时进行温度修正

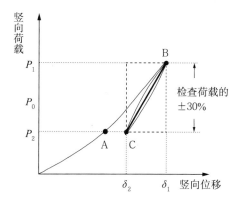

竖向荷载：$K_v=\dfrac{P_1-P_2}{\delta_1-\delta_2}$

图 8.2.6　竖向刚度系数的计算方法

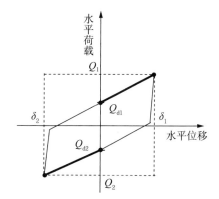

二次刚度：$K_d=\left(\dfrac{Q_1-Q_{d1}}{\delta_1}+\dfrac{Q_2-Q_{d2}}{\delta_2}\right)\times\dfrac{1}{2}$

交点荷载：$Q_d=\dfrac{Q_{d1}-Q_{d2}}{2}$

图 8.2.7　二次刚度以及屈服荷载的计算方法

（4）锡芯叠层橡胶支座的性能检测实例（隔制震装置株式会社）

锡芯叠层橡胶支座的性能检测，按表 8.2.6 所表示项目和测试方法进行，确认其是否满足支座的构件认定的判断标准。检测对象为全部支座。

表 8.2.6　锡棒（芯）叠层橡胶支座的性能检测项目

检测项目	测　试　方　法
竖向弹簧系数	在相当标准面压的竖向荷载加载后，按照设计承载力 ±30% 幅值反复循环加载三次，选择第三次试验值计算竖向弹簧系数。根据第三次加载时滞回特性，即最大变形值与最大承载力值的交点与其最小值交点连接线算出其斜率（参照图 8.2.8）
二次刚度	在相当标准面压的竖向荷载加载后，按照剪切应变 $\gamma=\pm100\%$ 反复循环加载四次，选择第三次试验值计算二次刚度。根据第三次加载滞回曲线特性的最大振幅变形（δ_{max}、δ_{min}）90% 的范围（$0.9\delta_{min}\sim0.9\delta_{max}$）测试值的回归直线斜率 K_{2up} 和 K_{2lo}，算出其平均值（参照图 8.2.9）
屈服荷载	在相当标准面压的竖向荷载加载后，按照剪切应变 $\gamma=\pm100\%$ 反复循环加载四次，求得第三次的循环滞回曲线所围成面积 $\triangle W$ 等效的二次刚度形成的双线性模型，算出此双线性模型与承载轴交点的上下平均值 Q_d（参照图 8.2.9）

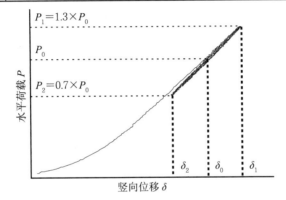

竖向刚度：$\dfrac{P_1-P_2}{\delta_1-\delta_2}$

图 8.2.8　竖向弹簧系数的计算方法

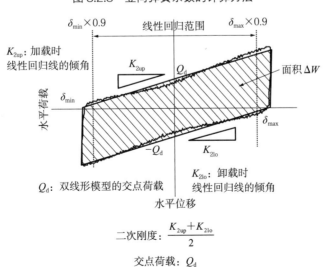

二次刚度：$\dfrac{K_{2up}+K_{2lo}}{2}$

交点荷载：Q_d

图 8.2.9　二次刚度以及屈服荷载的计算方法

（5）高阻尼橡胶系列叠层隔震支座的性能检测实例（普利司通株式会社）

高阻尼橡胶系列叠层隔震支座的性能检测，按表 8.2.7 所表示项目和测试方法进行，确认其是否满足支座的构件认定的判断标准。检测对象为全部支座。

表 8.2.7　高阻尼橡胶系列叠层隔震支座的性能检测项目

检测项目	测　试　方　法
竖向刚度（K_v）	在相当标准面压的竖向荷载加载后，按照设计承载力 ±30% 幅值反复循环加载三次，选择第三次试验值计算竖向刚度。根据第三次加载时滞回特性，即最大变形值与最大承载力值的交点与其最小值交点连接线算出其斜率（参照图 8.2.10）
等效水平刚度（K_{eq}）	在相当标准面压的竖向荷载加载后，按照剪切应变 $\gamma = \pm 100\%$ 反复循环加载三次，选择第三次试验值计算等效水平刚度。根据第三次加载滞回曲线特性的最大变形值和最大承载力值的交点与其最小值的交点连接线，算出其斜率（参照图 8.2.11） 根据国土交通部的隔震支座认定内容，必要时进行温度修正和速度修正
等效黏性阻尼系数（H_{eq}）	在相当标准面压的竖向荷载加载后，按照剪切应变 $\gamma = \pm 100\%$ 反复循环加载三次，求得第三次的循环滞回曲线所围成面积 ΔW，根据以下公式计算 H_{eq}。（参照图 8.2.11） 根据国土交通部的隔震支座认定内容，必要时进行温度修正和速度修正

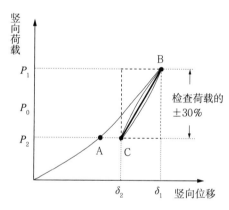

竖向刚度：$K_v = \dfrac{P_1 - P_2}{\delta_1 - \delta_2}$

图 8.2.10　竖向刚度系数的计算方法

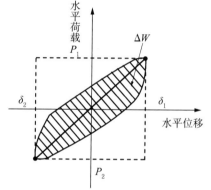

等效水平刚度：$K_{eq} = \dfrac{P_1 - P_2}{\delta_1 - \delta_2}$

等效黏性阻尼系数：

$$H_{eq} = \frac{1}{\pi} \times \frac{\Delta W}{W}$$

$$W = \frac{1}{2}(\delta_1 - \delta_2) \times (P_1 - P_2)$$

图 8.2.11　等效水平刚度以及等效黏性
阻尼系数的计算方法

8.3　弹性滑移（刚移）隔震支座的质量管理·性能检测实例

表 8.3.1　弹性滑移（刚移）隔震支座的质量管理·性能检测实例

		检测项目	检测方法	检测数量	判断标准	处理方法	管理区分	
							制造方	施工方
材料检测	橡胶材料的物性测试	硬度	JIS 规格	每个项目1次以上（1次／每1组）	与所定规格一致	材料的再制作	□	□
		拉伸应力						
		拉伸强度						
		应变						
	使用钢材等的质量证明书		文件确认	全数	与所定规格一致	材料的再制作	□	□
外观检测	产品的外观检测	主体橡胶表面	目测	全数	水平特性确认试验时，是否有会引发剪切变形伤痕的存在	修补		
					水平特性确认试验时，是否有会引发剪切变形伤痕的存在	再制作	○	◎
		法兰·滑移材料			不允许存在有害的伤痕	修补		
		钢材部分的防锈			不允许存在起泡、剥落等有害缺陷	修补		
尺寸检测	叠层橡胶·滑移材料部分	产品高度	用游标卡尺测试直角4点、算出4点的平均值并进行温度修正	全数	200mm以下；设计值±3mm 200mm超；设计值±5mm	修补或再制作	○	◎
		法兰的倾斜	取直角两方向的产品高度差（选择大的差距）		法兰的外径（外形）的0.5%且5mm			
		法兰的外径（外形）	用游标卡尺或卷尺测量		设计值±3mm			
		滑移材料外径（外形）	用游标卡尺或卷尺测量		设计值±0.5mm且±4mm			
		橡胶部分外径（外形）	测试模具的内径		设计值±0.5mm且±4mm	再制作	○	◎
	滑移板部分	不锈钢板的边长	用卷尺对直角两方向进行测量		设计值-3～+5mm	修补或再制作	○	◎
		基础钢板的边长	用卷尺对直角两方向进行测量		设计值-3～+5mm			
		滑移板的厚度	用游标卡尺或者孔深计测试		设计值±2mm			
		滑移板的平面度	用标准检查直尺或间隙塞尺对直角两方向的间隙进行测试		滑移板边长的1/500以内			
		滑移板的表面粗糙度（没有标准标号时）	用表面粗糙计测试		与所定规格一致			
		滑移板的标准膜厚（有标准番号时）	用膜厚计测试		与所定规格一致			

续表

		检测项目	检测方法	检测数量	判断标准	处理方法	管理区分	
							制造方	施工方
尺寸检测	通用部分	安装螺栓孔距（位置）	用定型板确认或者用卷尺和游标卡尺测量	全数	15000mm 未满；设计值 ±1.2mm	修补或再制作	○	◎
					15000mm 以上；设计值 ±1.5mm			
		安装螺栓孔距	用游标卡尺测量	每种尺寸测定1个	设计值 ±0.5mm 与所定规格一致			
防锈		涂装膜厚检查（使用电磁膜厚计等）	[涂装]用膜厚计测试	同一产品中的5%以上	与所定规格一致	修补	○	◎
性能检测 *1)	竖向特性确认试验	竖向刚度 K_v	根据制作方取得的认定内容	全数	设计值 ±30%	再制作	○	◎
	水平特性确认试验	水平刚度 K_h			设计值 ±20%			
		摩擦系数 $P^{*2)}$			设计值 ±20%			

凡例：◎：施工方列席检测（一般实施抽样检测、抽样数量与工程监理方协商决定）

　　　○：制造方自主检测

　　　□：提交文件的审查

*1）　性能检测的判断标准 30% 为最大值。关于摩擦系数的判断标准，因为有各式各样的摩擦材料，所以应根据制作方取得的认定内容执行。根据设计图纸以及与工程监理方通过协议后设定适当数值。

*2）　指定轴力下的水平力的测试。

※　　关于判断标准，以制作方取得的认定内容为依据。

表8.3.2 弹性滑移（刚移）隔震支座的尺寸检测方法实例

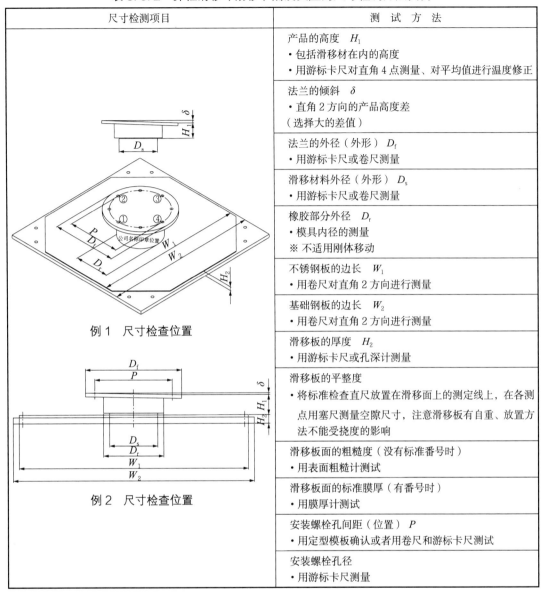

尺寸检测项目	测 试 方 法
	产品的高度 H_1 · 包括滑移材在内的高度 · 用游标卡尺对直角4点测量、对平均值进行温度修正
	法兰的倾斜 δ · 直角2方向的产品高度差 （选择大的差值）
	法兰的外径（外形） D_f · 用游标卡尺或卷尺测量
	滑移材料外径（外形） D_s · 用游标卡尺或卷尺测量
	橡胶部分外径 D_r · 模具内径的测量 ※ 不适用刚体移动
	不锈钢板的边长 W_1 · 用卷尺对直角2方向进行测量
	基础钢板的边长 W_2 · 用卷尺对直角2方向进行测量
	滑移板的厚度 H_2 · 用游标卡尺或孔深计测量
	滑移板的平整度 · 将标准检查直尺放置在滑移面上的测定线上，在各测点用塞尺测量空隙尺寸，注意滑移板有自重、放置方法不能受挠度的影响
	滑移板面的粗糙度（没有标准番号时） · 用表面粗糙计测试
	滑移板面的标准膜厚（有番号时） · 用膜厚计测试
	安装螺栓孔间距（位置） P · 用定型模板确认或者用卷尺和游标卡尺测试
	安装螺栓孔径 · 用游标卡尺测量

例1 尺寸检查位置

例2 尺寸检查位置

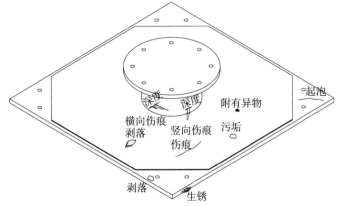

图8.3.1 弹性滑移（刚移）隔震支座外观上的伤痕·变形简图

8. 附　录

表 8.3.3　球面滑移隔震支座（FPS）的质量管理实例

检测项目		检测数量	判断标准	处理方法	管理区分	
					制造方	施工方
材料检测	使用钢材的质量证明书	全数	与所定规格一致	材料的再制作	□	□
	滑移材料的质量证明书　拉伸强度 / 应变 / 硬度		与所定规格一致	同上	□	□
	完成品的外观检查　滑移材料	全数	有害的伤痕和变形、涂装和镀锌的浮皮	修补	○	◎
	完成品的外观检查　滑移板		滑移面的伤痕、污物、生锈			
外观检测	产品高度	全数	设计值 ±2mm	修补或再制作	○	◎
	产品的倾斜		设计值 1/300 以下			
	球面部半径		设计值 ±2mm			
	球面板边长		设计值 ±3mm			
	安装孔位置		用定型模板确认			
尺寸检测	涂装膜厚检查（使用电磁膜厚计等测试）	同一产品中 50% 以上	与所定规格一致	修补	○	◎
性能检测	水平特性确认试验　水平刚度（第2刚度）K_2	全数	设计值 ±8%	修补或再制作	○	◎
	水平特性确认试验　摩擦系数 $\mu^{*1)}$		设计值 ±0.015			

凡例：◎：施工方列席检测（一般实施抽样检测、抽样数量与工程监理方协商决定）

　　　○：制造方自主检测

　　　□：提交文件的审查

*1)　指定轴力下的水平抵抗力测试

※　关于判断标准、根据制作方取得的认定内容执行。

表 8.3.4　球面滑移隔震支座（FPS）的尺寸检测方法实例

尺寸检测项目	测 试 方 法
	产品高度 • 取测量 4 点的平均值
	产品的倾斜 • 对直角 4 个点的对角 　产品高度差进行测量 　（选择大的差值）
	球面部半径 • 对标准半径构件与产品 　之间的间隙进行测量
	球面板边长 • 使用游标卡尺进行测试
	安装螺栓间距 • 用定型模板等进行确认 　确认项目 　孔径 　安装孔位置

123

（1）弹性滑移隔震支座的性能检测实例（OILES 工业株式会社）

弹性滑移隔震支座的性能检测，按表 8.3.5 所表示项目和测试方法进行，确认其是否满足支座的构件认定的判断标准。竖向刚度、初期刚度、动摩擦系数的检测对象为全部支座。

表 8.3.5　弹性滑移隔震支座的性能检测项目

检测项目	测　试　方　法
竖向刚度（K_v）	在相当标准面压的竖向荷载加载后，按照设计承载力 ±30% 幅值反复循环加载四次，选择第三次试验值计算竖向刚度。根据第三次加载时滞回特性即最大变形值与最大承载力值的交点与其最小值交点连接线，算出其斜率（参照图 8.3.2）
初期刚度（K_1）	在相当标准面压的竖向荷载加载后，按照剪切应变 ±200mm 反复循环加载四次，选择第三次试验值加载滞回曲线的卸载部分的斜率，求出其左右平均值（参照图 8.3.3）
动摩擦系数（μ）	在相当标准面压的竖向荷载加载后，按照剪切应变 ±200mm 反复循环加载四次，选择第三次加载时滞回曲线的正负交点荷载 Q_{d1}，Q_{d2} 的平均值除以竖向承载力值

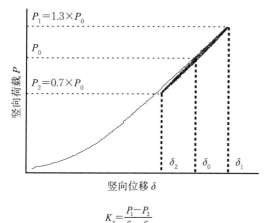

$$K_v = \frac{P_1 - P_2}{\delta_1 - \delta_2}$$

图 8.3.2　竖向刚度的计算方法

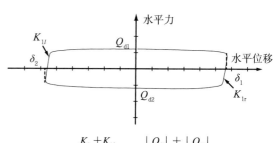

$$K_1 = \frac{K_{1r} + K_{1l}}{2}, \quad \mu = \frac{|Q_{d1}| + |Q_{d2}|}{2P_0}$$

图 8.3.3　初期刚度和动摩擦系数的计算方法

（2）弹性滑移隔震支座的性能检测实例（昭和电线电缆系统株式会社）

弹性滑移隔震支座的性能检测，按表8.3.6所表示项目和测试方法进行，确认其是否满足支座的构件认定的判断标准。竖向弹簧系数、水平弹簧系数、摩擦系数的检查对象为全部支座。

表8.3.6　弹性滑移隔震支座的性能检测项目

检测项目	测　试　方　法
竖向弹簧系数	在相当标准面压的竖向荷载加载后，按照设计承载力±30%幅值反复循环加载三次，选择第三次试验值计算竖向弹簧系数。根据第三次加载时滞回特性即最大变形值与最大承载力值的交点与其最小值交点连接线，算出其斜率（参照图8.3.4）
水平弹簧系数	对滑移材料进行相当标准面压的竖向荷载加载后，按所定的水平变形加力反复循环加载四次，选择第三次加载滞回曲线特性的上下荷载轴交点的一半部分的承载范围卸载时的回归斜率，算出其平均值（参照图8.3.5）
摩擦系数	对滑移材料进行相当标准面压的竖向荷载加载后，按所定的水平变形加力反复循环加载四次，选择第三次加载时滞回曲线特性的上下荷载轴交点的数值，求得此时的竖向荷载的平均值（参照图8.3.5）

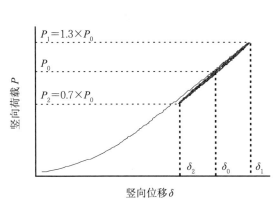

竖向刚度：$\dfrac{P_1-P_2}{\delta_1-\delta_2}$

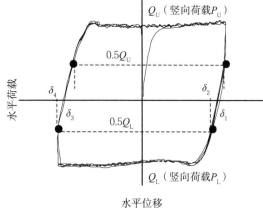

水平刚度：

$$\left(\frac{0.5Q_U-0.5Q_L}{\delta_1-\delta_2}+\frac{0.5Q_U-0.5Q_L}{\delta_3-\delta_4}\right)\times\frac{1}{2}$$

摩阻系数：$\left(\dfrac{Q_U}{P_U}-\dfrac{Q_L}{P_L}\right)\times\dfrac{1}{2}$

图8.3.4　竖向弹簧系数的计算方法　　图8.3.5　水平弹簧系数以及摩擦系数的计算方法

（3）刚体滑移隔震支座的性能检测实例（昭和电线电缆系统株式会社）

　　刚体滑移隔震支座的性能检测，按表 8.3.7 所表示项目和测试方法进行，确认其是否满足支座的构件认定的判断标准。摩擦系数的检查对象为全部支座。

表 8.3.7　刚体滑移隔震支座的性能检测项目

检测项目	测 试 方 法
摩擦系数	对滑移材料进行相当标准面压的竖向荷载加载后，按所定的水平变形加力反复循环加载四次，选择第三次加载时滞回曲线特性的上下荷载轴交点的数值，求得此时其除以竖向荷载的平均值（参照图 8.3.6、图 8.3.7）

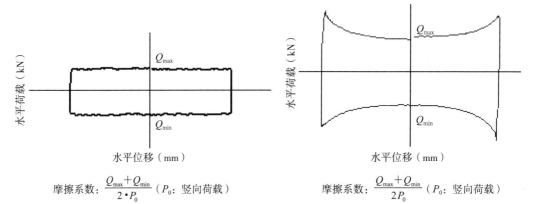

图 8.3.6　摩擦系数的计算方法（低摩擦）　　　　图 8.3.7　摩擦系数的计算方法（中摩擦）

（4）球面滑移隔震支座（FPS）的性能检测实例（OILES 工业株式会社）

球面滑移隔震支座的性能检测，按表 8.3.8 所表示项目和测试方法进行，确认其是否满足支座的构件认定的判断标准。第二刚度、动摩擦系数的检查对象为全部支座。

表 8.3.8　球面滑移隔震支座的性能检测项目

检测项目	测　试　方　法
第二刚度（K_2）	在相当标准面压的竖向荷载加载后，按 ±200mm 剪切变形加力，反复循环加载四次，选择第三次的滞回曲线特性的 $-\delta_2/2 \sim +\delta_1/2$ 之间的滞回曲线回归时直线，求得其直线上下斜率的平均值。δ 为水平变形量（参照图 8.3.8）
动摩擦系数（μ）	在相当标准面压的竖向荷载加载后，按 ±200mm 剪切变形加力，反复循环加载四次，选择第三次滞回曲线的正负交点荷载 Q_{1u}，Q_{1d} 并求得其平均值除以此时的竖向承载力（参照图 8.3.8）

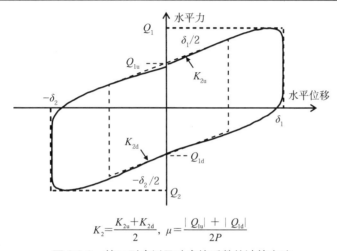

$$K_2 = \frac{K_{2u} + K_{2d}}{2}, \ \mu = \frac{|Q_{1u}| + |Q_{1d}|}{2P}$$

图 8.3.8　第二刚度以及动摩擦系数的计算方法

8.4 滑轨滚动隔震支座的质量管理·性能检测实例

表 8.4.1　滑轨滚动隔震支座的质量管理实例（隔制震装置株式会社）

	检测项目		检测方法	检测数量	判断标准	处理方法	管理区分	
							制造方	施工方
材料检测	线性导向块	线性块体 线性轨道 负荷圆珠 轨道固定螺栓 块体连接螺栓	根据质量证明书确认材质	全数	与所定规格一致	材料的再制作	□	□
	橡胶垫片	橡胶	提供橡胶检查成绩单确认其物理性能					
		橡胶垫片	根据质量证明书确认其材质					
	法兰钢板		根据质量证明书确认材质					
外观检测	产品的外观检查 （有无伤痕·生锈·污垢）		目测	全数	不允许存在有害的伤痕和变形 滑动面未外露	修补	○	◎
尺寸检测	线性导向块	轨道长度	根据检查成绩单确认	全数	设计值−0～＋6mm	再制作	○	□
		轨道高度·宽度		全数	根据支座的认定规格（装置尺寸而异）			
		滑块宽度·长度		全数				
	橡胶垫片	橡胶垫片		全数	设计值 ±2mm			
	法兰板	外形（长度·宽度）	使用比例尺或游标卡尺测量	全数	JIS B0417B 级 *4)	再制作	○	◎
		厚度		全数	JIS G3193			
		螺栓孔位置		全数	邻接 ±1.0mm 累积 ±1.5mm			
	组装精度	产品高度	使用比例尺或游标卡尺测量	全数	设计值 ±3mm	修补或再制作	○	◎
		轨道轴倾斜度（θ_x）			1/500 以下			
		轨道直角倾斜度（θ_y）		全数	1/500 以下			
		轨道直角度（θ_{or}）			1/300 以下			
		同一平面上的轨道平行度		全数	1/500 以下			
		滑块位置偏差		全数	±5mm 以内			
防锈外观检测	线性导向块		使用膜厚计测试	全数	与所定规格一致	修补	○	□
	线性轨道							
	法兰板						○	◎

	检测项目		检测方法	检测数量	判断标准	处理方法	管理区分	
							制造方	施工方
性能检测	滑动性抵抗测定试验	滚动 *1)抵抗值	使用拉伸计等进行测试	全数	标准值以下	调整或者再制作	○	◎
	滚动摩擦系数试验	滚动 *2)摩擦系数			根据支座的认定规格（装置尺寸而异）		○	◎
	竖向压缩刚度试验	竖向刚度	根据制造方取得的认定内容	抽样 *3)	标准值 ±20%			

凡例：◎：施工方列席检测（一般实施抽样检测、抽样数量与工程监理方协商决定）

　　　○：制造方自主检测

　　　□：对提交文件进行审核

*1）　对无负荷状态的水平抵抗力的测试。

*2）　实施指定轴力下的水平抵抗力的测试，通过与轴力的比求得摩擦系数。

*3）　抽样检测率可根据设计说明书记载规定实施。或者可与工程监理方通过协议设定适当的抽样率。因为支座认定规格是制造厂商对制造批量的抽样率，所以对单个项目可能不适用。

*4）　JIS B4017: 氧气切割加工钢板普通容许差。容许差值根据板厚度和切割长度而异。

※　　关于判断标准，除本书外亦可根据制造方取得的国土交通部的隔震构件认定内容，通过协商设定适当的数值。

表8.4.2　滑轨滚动隔震支座的尺寸检测方法实例（隔制震装置株式会社）

尺 寸 检 测 项 目	测 试 方 法
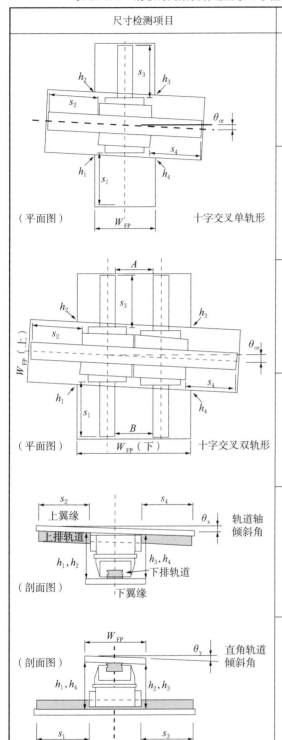 （平面图）　十字交叉单轨形 （平面图）　十字交叉双轨形 （剖面图） （剖面图）	**产品高度 $h_1 \sim h_4$** • 上下法兰的有效高度，包括法兰在内的整体高度是 $h_1 \sim h_4$ 的 4 点测量值的平均值
	轨道轴倾斜角 θ_x • 相对下部法兰的上部、法兰的长度方向的倾斜角 $$\theta_x = \frac{\mid (h_1 + h_2) - (h_3 + h_4) \mid}{2W_{fp}}$$ 法兰内径测量值的差除以测量间距值
	轨道直角相交倾斜角 θ_y • 相对下部法兰、上部法兰的宽度方向的倾斜角 $$\theta_y = \frac{\mid (h_1 + h_4) - (h_2 + h_3) \mid}{2W_{fp}}$$ 法兰内径测量值的差除以测量间距值
	轨道与轴线角度　θ_{or} • 上下轨道的相对扭转角度
	同一平面上的轨道平行度 • 同一平面内配置复数的轨道时（十字双轨交叉形·井字形）要测试 • 在轨道的两端测量轨道间距，此间距的差除以轨道长度 $$值 = \frac{\mid A - B \mid}{轨道长度}$$
	滑块的错位 • 上下滑块的轨道中心位置的错位 $$= \frac{\mid s_1 - s_3 \mid}{2}，\ \frac{\mid s_2 - s_4 \mid}{2}$$ 左右的轨道可移动长度差×0.5

130

滑轨滚动隔震支座的性能检测实例（隔制震装置株式会社）

　　滑轨滚动隔震支座的性能检测，按表8.4.3所表示项目和测试方法进行，确认其是否满足支座的构件认定的判断标准。滑移性抵抗测试的检测对象为全部支座，竖向压缩刚度试验以及滚动摩擦试验根据隔震支座的认定标准从制造批量中抽样检测。当设计说明书有具体说明时则根据说明执行。

表8.4.3　滑轨滚动隔震支座的性能检测项目

检测项目	测　试　方　法
滑动性抵抗测量检查	使用可测量滚动抵抗的测试仪将无负荷的装置水平放置，在装置的上部进行牵引或推出，确认其抵抗值在基准以下
竖向压缩刚度试验	对产品加压竖向荷载，在 $0.5P_o \sim 1.0P_o$ 的幅度内变动，将竖向荷载差除以竖向变形差求得竖向刚度 K_v（竖向弹簧系数）。加载为反复循环三次，选第三次试验值作为判断数据（参照图8.4.1）
滚动摩擦系数试验	在竖向荷载保持一定应力的状态下进行水平加力直至达到规定的水平变形量（正侧、负侧），其水平抵抗力 F（滚动摩擦抵抗力）除以竖向压缩荷载 P_o 即为滚动摩擦系数 μ。水平加载为反复循环四次，选第三次试验值作为判断数据（参照图8.4.2）

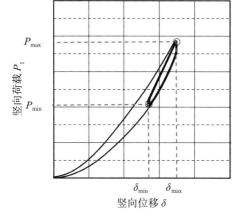

竖向压缩刚度　$K_v = \dfrac{P_{max} - P_{min}}{\delta_{max} - \delta_{min}}$

图 8.4.1　竖向压缩刚度的计算方法

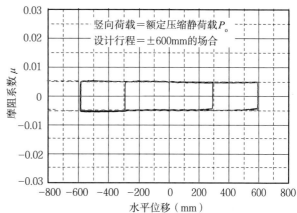

滚动摩擦系数　$\mu = \dfrac{水平抵抗力 F（正侧和负侧的平均值）}{竖向荷载 P_o}$

图 8.4.2　滚动摩擦系数的计数方法

8.5　阻尼器的质量管理·性能检测

（1）U型阻尼器的质量管理实例（新日铁住友金属工程株式会社）

表 8.5.1　U型阻尼器的质量管理实例

	检测项目	检测数量	判断标准	处理方法	管理区分 制造方	管理区分 施工方
材料检测	屈服点	每批量制钢番号且每批量热处理试验片中取 3 个	与所定规格一致	材料的再制作	○	□
材料检测	拉伸强度					
材料检测	应变					
材料检测	韧性冲击值					
材料检测	钢材的质量证明书	全数	与所定规格一致	材料的再制作	□	□
外观检测	外观检查	全数	不允许存在有害的伤痕和变形，不允许存在涂装的浮泡和剥落	修补	○	◎
尺寸检测	产品高度	全数	设计值 ±10mm	交换	○	◎
尺寸检测	阻尼器的厚度·宽度		设计值 ±1.5mm[*1)			
尺寸检测	阻尼器的长度		设计值 ±12mm[*1)			
防锈检测	涂装膜厚检查（使用电磁膜厚计等测量）	同一种类产品中 50%以上抽样检查	设计值以上	修补	○	◎
焊接部位检测	涂装部外观检查	全数	形状不存在异样	修补或再制作	○	◎
焊接部位检测	锚栓焊接部的外观 [*1)					
焊接部位检测	锚栓焊接部的打击弯曲试验 [*1)	指定数量	焊接部不存在异样	再制作		
性能检测	一次刚度	每 2 年实施一次抽样检查 [*2)	设计值 ±10%	—	○	□
性能检测	屈服荷重		设计值 ±10%			
性能检测	极限变形性能		极限变形量在反复循环五次以上不断裂			

凡例：◎：施工方列席检测（一般实施抽样检测、抽样数量与工程监理方协议决定）
　　　○：制造方自主检测
　　　□：对提交文件进行审核

*1)　根据阻尼器尺寸判断标准而异。

*2)　性能检测为制造方定期的自主检测后提交检查报告书给施工方。施工方对文件进行审核。

※　判断标准根据制作方取得的大臣认定产品内容编制。

132

表 8.5.2　U 形阻尼器的尺寸检测实例

尺寸检测项目	测试方法
阻尼器厚度、宽度 	每个阻尼器选两处 （R 部分和平行部分） · 设计值 ±1.5mm[*1]
产品高度 	基础底板间的有效净距尺寸 · 设计值 ±10mm
阻尼器长度 	组装后的阻尼器长度 · 设计值 ±12mm[*1]

*1）根据阻尼器尺寸判断标准而异。

（2）油阻尼器的质量管理·性能检测实例
　　（日立自动化系统株式会社、KAYABA SYSTEM MACHINERY 株式会社）

表 8.5.3　油阻尼器的质量管理实例

	检测项目	检测数量	判断标准	处理方法	管理区分	
					制造方	施工方
材料检测	油缸的产品记录	每交货批量	与产品认定书和制作要领书规格一致	材料的再制作	□	□
	活塞杆的产品记录					
	按照（铰）接头的产品记录					
	使用液体					
外观检测	外观检查	全数	不允许存在有害的伤痕和变形	修补	○	◎
尺寸检测	行程长度	全数	与产品认定书和制作要领书规格一致	修补	○	◎
	各部分尺寸					
焊接部位检测	对主要强度构件的焊接部位做探伤试验或超声波探伤试验	全数	JIS Z 2343 或 JIS Z 3060 的焊接内部缺陷的规定	修补	○	□
静力移动检测	动作状况	全数	全行程中动作畅通顺利	修补	○	◎
耐压检测	漏油状况	全数	性能检查中未漏油（目测）	修补	○	◎
阻尼性能检测	阻尼力一速度性能	全数	设计值 ±15%	修补	○	◎

　　凡例：◎：施工方列席检测（一般实施抽样检测、抽样数量与工程监理方协商决定）
　　　　　○：制造方自主检测
　　　　　□：对提交文件进行审核

油阻尼器的阻尼性能检测实例

　　根据制造要领书实施阻尼性能检测。线性阻尼特性的场合，取 3 点的阻尼力；非线性阻尼特性的场合，在阻尼系数 C_1 范围内取 1 点，在阻尼系数 C_2 范围内取 2 点阻尼力进行检测，确认其是否符合设计特性。以下为非线性阻尼油压阻尼器的阻尼性能检测实例。

　　作正弦波加力，各速度的阻尼力 F 可读取图 8.5.1 和图 8.5.2 所示的阻尼力（F）－速度（v）图中的伸长侧，压缩侧的最大值，绘制图 8.5.3 所示的阻尼力（F）－速度（δ）曲线图。以确认绘制图中的数值在所规定值的离散范围以内（实例为 ±15%）。由于在卸荷区附近容易产生阻尼力的离散作用，通常避开在此速度区域对阻尼力的测试（实例为 25cm/s、50cm/s、100cm/s）。

　　有必要根据加载循环数，加载条件和试验机能力来进行设定。

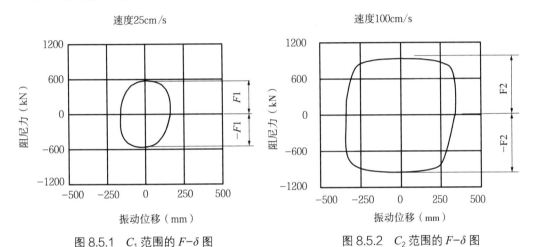

图 8.5.1　C_1 范围的 F-δ 图　　　　图 8.5.2　C_2 范围的 F-δ 图

图 8.5.3　F-v 图

8.6　隔震工程概要报告书（例）

隔震工程概要报告书1/2									
工程概要	工程名称							项目立项号	
	建设所在地							审批号	
	发包单位			设计监理单位					
	施工单位			工　期		年　　月　～　　年　　月			
	建筑面积	m²	层数	地上　　　层　　地下　　　层　　塔屋　　　层				用途	
	总建筑面积	m²	高度	总高度　　　　　m　　最高高度　　　　m				结构形式	
基础概要	基础形式	直接基础·桩基础	地下水位	GL-　　　　m		有无地基改良		有·无	
	基础·桩长	GL-　　m	地基类别	第1类·第2类·第3类				改良工法（　）	
隔震构件布置图及剖面图	剖面图 隔震支座平面布置图								

隔震部分概要	隔震支座·阻尼器	种类	尺寸	制造厂家	数量	种类	尺寸	制造厂家	数量
	新建·改建	新建工程·改建工程	隔震层的位置 基础·中间 （　）		水平容许相对位移空间	mm	竖向容许相对位移空间		mm

报告人	姓　名			所属部门		记录日		年　　　月	
	联系电话			隔震部建筑施工管理技术者注册号					
	担任业务	施工·施工方案·工程管理·工程监理·设计·其他（　　　　　　　　　　　　　　）							
审核人（上司）				印	所属部门				
JSSI 一般社团法人日本隔震结构协会						整理No.			

隔震工程概要报告书 2/2						
施工管理文件	管理文件名称	编制	管理文件名称	编制	管理文件名称	编制
	隔震工程施工方案书		隔震构件制作·检测报告书		隔震部分施工时的检测报告书	
	隔震构件制作·检测要领书		设备管道柔性接头检测成绩书		隔震部分竣工时的检测报告书	
	隔震构件制作管理报告书		隔震 Exp.J 检测成绩书		编制管理文件：○	

主要隔震构件的制作管理	隔震支座	种类			
		管理项目 || 根据 JSSI 标准	根据设计说明书	管理值

主要隔震构件的制作管理

隔震支座

	种类			
管理项目		根据 JSSI 标准	根据设计说明书	管理值
外观·尺寸·检测	高度			
	倾斜			
	错位			
性能检测	竖向刚度			
	水平刚度			

阻尼器

	种类			
管理项目		根据 JSSI 标准	根据设计说明书	管理值
外观·尺寸·检测				
性能检测				

临时架构方案	水平约束构件	无 · 有　设定水平力
	外部脚手架	无 · 有　设置上的考虑
	塔吊	无 · 有　设置上的考虑
		设置上的考虑
	实施上述措施后的结果考察	

主要施工精度管理	管理项目		根据 JSSI 标准	根据设计说明书	管理值	实测值的范围
	隔震支座下部基础连接板安装	水平精度				
		位置精度				
	阻尼器下部基础连接板安装	水平精度				
		位置精度				
	有效隔离空间	水平精度				
		竖向精度				

基础连接板下部填充施工方案	1.砂浆填充施工方法（砂浆高度：　　　　　　　　　　　　　　　　　mm）		
	2.混凝土填充施工方法（混凝土的种类和坍落度及坍落度扩展值：　　　　　　mm）		
	密实度试验的实施	有 · 没有（密实度：　　　　　　　　）	

主要部分竣工时的管理	管理项目	管理值	实测值的范围
	建筑主体的位置		
	隔震支座	水平变形量	
		竖向变形移动量	

维护管理体系	未定 · 决定（　　　　　　　　　　　　　　　　　　　　　　　　）

JSSI 一般社团法人日本隔震结构协会

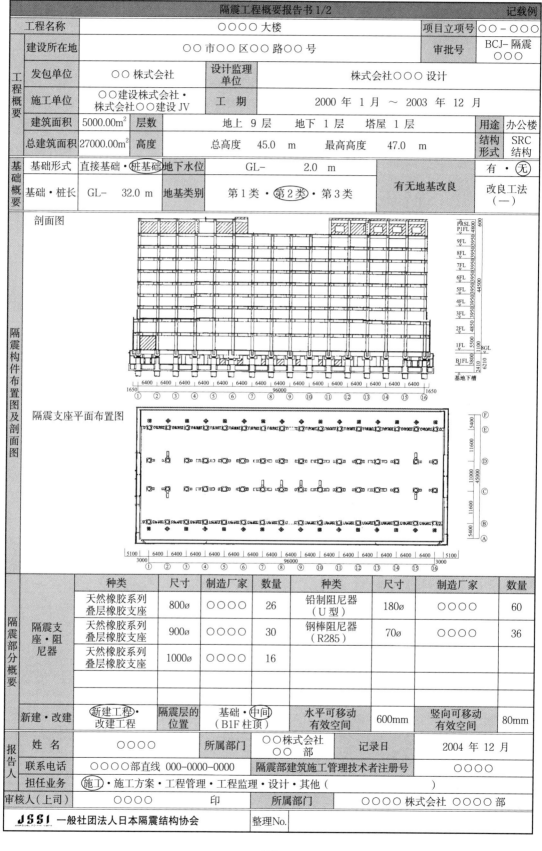

隔震工程概要报告书1/2							记载例	

工程概要

工程名称	○○○○ 大楼				项目立项号	○○－○○○		
建设所在地	○○市○○区○○路○○号				审批号	BCJ-隔震 ○○○		
发包单位	○○株式会社	设计监理单位	株式会社○○○设计					
施工单位	○○建设株式会社・株式会社○○建设JV	工期	2000年1月 ～ 2003年12月					
建筑面积	5000.00m²	层数	地上9层　地下1层　塔屋1层				用途	办公楼
总建筑面积	27000.00m²	高度	总高度　45.0m　最高高度　47.0m				结构形式	SRC结构

基础概要

基础形式	直接基础・桩基础	地下水位	GL-　2.0m	有・无
基础・桩长	GL-　32.0m	地基类别	第1类・第2类・第3类	有无地基改良　改良工法（一）

隔震构件布置图及剖面图

剖面图

PRSL P1FL 600
9FL 4800
8FL 3950 3950 3950 3950 3950 3950
7FL
6FL
5FL
4FL 44500
3FL
2FL 4850
1FL 5500 3800 1100
B1FL 2410 8GL 6210
基地下槽

1650 6400 6400 6400 6400 6400 6400 6400 6400 6400 6400 6400 6400 6400 6400 6400 1650
96000
① ② ③ ④ ⑤ ⑥ ⑦ ⑧ ⑨ ⑩ ⑪ ⑫ ⑬ ⑭ ⑮ ⑯

隔震支座平面布置图

Ⓕ 5400
Ⓔ
Ⓓ 11600
Ⓒ 11000 45000
Ⓑ 11600
Ⓐ 5400

5100 6400 6400 6400 6400 6400 6400 6400 6400 6400 6400 6400 6400 6400 6400 5100
3000 96000 3000
① ② ③ ④ ⑤ ⑥ ⑦ ⑧ ⑨ ⑩ ⑪ ⑫ ⑬ ⑭ ⑮ ⑯

隔震部分概要

	种类	尺寸	制造厂家	数量	种类	尺寸	制造厂家	数量
隔震支座・阻尼器	天然橡胶系列叠层橡胶支座	800ø	○○○○	26	铅制阻尼器（U型）	180ø	○○○○	60
	天然橡胶系列叠层橡胶支座	900ø	○○○○	30	钢棒阻尼器（R285）	70ø	○○○○	36
	天然橡胶系列叠层橡胶支座	1000ø	○○○○	16				

新建・改建	新建工程・改建工程	隔震层的位置	基础・中间（B1F柱顶）	水平可移动有效空间	600mm	竖向可移动有效空间	80mm

报告人

姓名	○○○○	所属部门	○○株式会社 ○○部	记录日	2004年12月
联系电话	○○○○部直线 000-0000-0000	隔震部建筑施工管理技术者注册号		○○○○	
担任业务	施工・施工方案・工程管理・工程监理・设计・其他（　　　　　　）				

审核人（上司）	○○○○	印	所属部门	○○○○株式会社　○○○○部

JSSI 一般社团法人日本隔震结构协会　｜　整理No.

隔震工程概要报告书2/2

	管理文件名称	编制	管理文件名称	编制	管理文件名称	编制
施工管理文件	隔震工程施工方案书	○	隔震构件制作·检测报告书	○	隔震部分施工时的检测报告书	○
	隔震构件制作·检测要领书	○	设备管道柔性接头检测成绩书	○	隔震部分竣工时的检测报告书	○
	隔震构件制作管理报告书	○	隔震 Exp.J 检测成绩书	○	编制管理文件：○	

主要隔震构件的制作管理

	隔震支座	种类		天然橡胶系列叠层橡胶		
		管理项目	根据 JSSI 标准	根据设计说明书	管理值	
		外观·尺寸·检查	高度	○	设计值 ±1.5% 且 ±6mm、与平均值的差 ±2mm	
			倾斜	○	法兰外径的0.5%以下，且3mm以下	
			错位	○	法兰端部最大错位 5mm 以下	
		性能检查	竖向刚度	○	设计值 ±20%	
			水平刚度		○	平均值为设计值 ±10%，且各弹簧系数为平均值 ±5%

	阻尼器	种类		铅制阻尼器（U 型）		
		管理项目	根据 JSSI 标准	根据设计说明书	管理值	
		外观·尺寸·检查	高度	○	设计值 ±2.5mm	
			轴径	○	设计值 ±5.0mm	
		性能检查	屈服承载力	○	设计值 10%	
			铅与阻尼器的焊接端	○	通过超声波探伤试验焊接率在 90% 以上	

临时架构方案

水平约束构件	无 · ⓗ 设定水平力 ：钢结构安装用，各个隔震支座为3t 左右
外部脚手架	ⓝ · 有 设置上的考虑：
塔吊	无 · ⓗ 设置上的考虑：设定地震烈度并研讨塔吊的变形追随性、连接构件
工程用升降机	设置上的考虑 ：仅与上部结构连接
实施上述措施后的结果考察	施工期间中发生烈度 4 级地震、没有出现问题。

主要施工精度管理

	管理项目		根据 JSSI 标准	根据设计说明书	管理值	实测值的范围
	隔震支座下部基础连接板安装	水平精度	○		倾斜 1/400 以下	1/420～1/1000
		位置精度	○		X、Y、Z ±5mm	X、Y、Z ±3mm
	阻尼器下部基础连接板安装	水平精度	○		倾斜 1/300 以下、弯曲 1/400，且 4mm 以下	倾斜 1/410 以下、弯曲 1/560 以下
		位置精度	○		X、Y、Z ±5mm	X、Y、Z ±2mm
	容许相对位空间	水平精度		○	600mm 以上	610mm 以上
		竖向精度		○	80～100mm	85～100mm

基础连接板下部填充施工方案	1.砂浆填充施工方法（砂浆高度： mm ）
	②混凝土填充施工方法（混凝土的种类和坍落度及坍落度直径：大流动混凝土、坍落度直径 55cm ）
	密实度试验的实施　　ⓗ· 没有（密实度：直径 4mm 以上的空隙计数量为95% ）

主要部分竣工时的管理

	管理项目		管理值	实测值的范围
	建筑主体的位置		仅有定期·临时测用的标记	—
	隔震支座	水平变形量	法兰端部最大错位在 10mm 以下	法兰端部最大错位 0～3mm
		竖向变形移动量	工厂检查时 ±5mm （温度修正后）	工厂检查时 -20～-1.2mm（温度修正后）

维护管理体系	未定 · ⓓⓔ定（联系电话○○ 公司：030000-0000、有 JSSI 认定的检查资质技术者 ）

JSSI 一般社团法人日本隔震结构协会

相关图书介绍：

现代地下结构抗震性能分析与研究

桥梁抗震与加固

图解钢筋混凝土结构抗震加固技术

盾构隧道的抗震研究及算例

建筑抗震・设备抗震问答

结构抗震分析

风力发电设备塔架结构设计指南及解说

混凝土结构耐久性设计要点及算例

PC 建筑实例详图图解

建筑结构设计精髓

结构设计的新理念、新方法

结构设计专家入门

建筑结构损伤控制设计

日本建筑钢结构设计

建筑生产

静压支挡结构手册

地下空间开发及利用

建筑施工安全与事故分析

土木工程施工安全［图解］